Inhaltsverzeichnis.

Die Festigkeitsberechnung der Flugzeugholme von Prof. Dr.-Ing. H. Reißner und Dipl.-Ing. E. Schwerin.

Seite

Einleitung: Besonderheiten des Flugzeuggerippes. Druckpunktwanderung . . . . 1—6

Doppeldecker mit drei Hauptlasten.

I. Spannkräfte und Winkeländerungen unter Voraussetzung gelenkiger Knoten . . . 8—10
II, III. Knoten- und Feldmomente der Holme für einfache und dreifache Last. Zusatzkräfte infolge der Momente . . . . 10—18
IV. Knoten- und Feldmomente für 1,5 fache Biegungsteifigkeit 19
V. Momente ohne Berücksichtigung der Knickkräfte . . . . 20—21
VI. Knoten- und Feldmomente für dehnungslos gedachte Spannkabel . . . . 21—22
VII. Beanspruchungen in den Knoten . . . . 22—24
VIII. Knicksicherheit des Oberholms als Ganzes . . . . 24—25
IX. Biegungsmomente der Holme infolge exzentrischer Knotenpunkte . . . . 26—29

Zwei Eindecker von verschiedener Bauhöhe. 29—44

A. System von 2 m Höhe. B. System von 1,5 m Höhe

I. Spannkräfte und Winkeländerungen bei gelenkigen Knotenpunkten . . . 30—31, 38—40
II, III. Normale und dreifache Last, biegungsfest durchlaufender und am Rumpf gelenkiger Holm . . . . 31—34, 40—42
IV. Momente für 1,5 fache Biegungsteifigkeit . . . . 34—35, 42
V. Momente ohne Berücksichtigung der Knickkräfte 35, 43
VI. Momente für dehnungslose Spannkabel 36, 43
VII. Beanspruchungen in den Knoten . . . . 37—38, 43
VIII. Knicksicherheit 38, 44

Schluß. Allgemeine Folgerungen. Berücksichtigung veränderlichen Elastizitätsmoduls. Knicksicherheit. Zusammenfassung.

ND# Jahrbuch der
Wissenschaftlichen Gesellschaft
für Luftfahrt

IV. Band 1916

Sonderheft

Springer-Verlag Berlin Heidelberg GmbH
1916

Alle Rechte,
insbesondere das der Übersetzung in fremde Sprachen,
vorbehalten.

ISBN 978-3-662-33539-0   ISBN 978-3-662-33937-4 (eBook)
DOI 10.1007/978-3-662-33937-4

Die Festigkeitsberechnung der Flugzeugholme.

Von

H. Reißner und E. Schwerin.

Ein Flugzeug wird bei einem gewissen Gewicht um so sicherer oder bei einem gewissen Sicherheitsgrad um so leichter sein, je gleichmäßiger die Spannungsverteilung bzw. der Sicherheitsgrad in allen seinen Gliedern eingerichtet worden ist.

Die Notwendigkeit genauerer dahin zielender statischer Berechnungen ist vor längerer Zeit von der Kommission für konstruktive Fragen der Wissenschaftlichen Gesellschaft für Luftfahrt, der der erstgenannte der Verf. angehört, betont und ein Referat über diese Frage von demselben übernommen worden.

Schon 1912 hat der Eine von uns in einem Vortrage vor dieser Gesellschaft eine Reihe von Gesichtspunkten über die Betriebsbelastungen und die Festigkeits- und Elastizitätseigenschaften von Flugzeugbaustoffen erörtert[1] und kürzlich hat ein Mitglied unserer Kommission, Prof. Dr.-Ing. Proell, die Beanspruchung und Festigkeit von Bespannungsstoffen in einem sehr vollständigen Referat[2] behandelt. Auch in ausländischen Quellen findet man über Betriebsbelastungen und Baustoffeigenschaften vieles Wertvolle, dagegen vermißt man hier wie anderwärts eine Spannungsberechnung der Flugzeugtragwerke nach den neueren, im Brücken- und Hochbau so bewährten Verfahren der Statik der Baukonstruktionen.

Die Tragwerke der Flugzeuge scheinen auf den ersten Blick recht einfacher Natur zu sein, da bei den Eindeckern vorzugsweise die Hängewerke des Holzbaus und bei den Doppeldeckern die Fachwerke mit parallelen Gurtungen im Dreiecksverband verwendet werden. In der Tat werden in der Praxis wohl auch nur einfache Kräftepläne unter Voraussetzung gelenkiger Knotenpunkte und Vernachlässigung der Durchbiegung verwendet und haben auch, mit einem hohen Sicherheitsgrad und den Konstruktionserfahrungen des Flugbetriebes verwendet, gute Dienste geleistet. Bei einer genaueren Betrachtung zeigt sich jedoch, daß die Flugzeugtragwerke gewisse Besonderheiten haben, für deren Berücksichtigung zwar die Theorie der Statik der Baukonstruktionen bequeme Rechnungsverfahren liefert, die aber diese Tragwerke in ihrer Spannungsverteilung und Formänderung von den Brücken- und Hochbautragwerken nicht unwesentlich unterscheiden.

Diese Besonderheiten sind die folgenden:

Es treten drei Arten von Stabgliedern auf, nämlich: erstens Holme oder Gurte, zweitens Vertikalen und drittens Schrägstäbe(-Seile). Von diesen sind die beiden

---

[1] Beanspruchung und Sicherheit von Flugzeugen von H. Reißner. Jahrbuch d. wiss. Ges. I, 1912/1913.

[2] Zur Frage der Festigkeit von Tragflächenbespannungen von A. Proell. Zeitschr. f. Flugtechn. u. Motorluftsch. 1915 S. 26—29 u. 42—45.

ersten, die Holme und Vertikalen, auf Knickung und Biegung bzw. auf Knickung beansprucht und deswegen so reichlich bemessen, daß sie wenig Längenänderung erfahren.

Dagegen sind die Schrägstäbe einesteils nur auf Zug beansprucht, andernteils aus sehr hoch beanspruchbarem und infolge der Litzenbildung stark dehnbarem Kabelmaterial. Diese erfahren also sehr viel größere Längenänderungen. Hierdurch treten erhebliche Winkeländerungen in allen Dreiecken des Systems und damit erhebliche Biegungsmomente der über die Knotenpunkte kontinuierlich verlaufenden Holme auf, was besonders bei kurzen Feldern in der Nähe des Rumpfes beachtet werden muß.

Die Holme müssen kontinuierlich über die Knotenpunkte laufen, weil sie die Luftdruckkräfte (Auftriebskräfte) der Tragflächenrippen unmittelbar aufzunehmen haben, und ihre Konstruktionshöhe ist durch die Rippenhöhe begrenzt, so daß sie notwendig starke Durchbiegungen aufweisen. Hierdurch wirken sie als sogenannte biegungsteife Seillinien, und zwar, was die Frage verwickelt, über mehrere Felder durchlaufend[1]).

Durch dieses wesentliche Hineinspielen der Knickungsbiegung geht die bei anderen Fachwerken vorhandene Proportionalität zwischen Belastungen und Spannungen verloren, so daß die Frage nach dem wirklichen Sicherheitsgrade eines Tragwerks eine besondere, im folgenden ebenfalls gegebene Untersuchung erfordert.

Der einzige Weg, um ein zahlenmäßiges Bild dieser Verhältnisse zu geben, ist die Durchrechnung möglichst vieler typischer Beispiele. Natürlich kann man die Mannigfaltigkeit der Praxis mit ihrer Fülle von verschiedenen Spannweiten, Feldteilungen, Bauhöhen, Baustoffen, Tragflächentiefen und Gewichten durch einige Beispiele nicht erschöpfen. Immerhin wird die folgende Durchrechnung eines Doppeldeckers mit einer Tragkraft von 2700 kg und von zwei Eindeckern verschiedener Bauhöhe und 900 kg Tragkraft erstens ein Schema für andere Berechnungen geben und zweitens die Größenordnung der oben besprochenen Besonderheiten genügend beleuchten.

Zuvor aber noch ein Wort über die Betriebsbelastungen eines Flugzeugs: Meiner Meinung nach sollte man zwei Berechnungsarten der Betriebsbelastung unterscheiden. Erstens diejenige, die für die Leistungsberechnung des Flugzeugs, d. h. für die Abschätzung und Nachrechnung seines motorischen Bedarfs, seines Propellers, seiner Steigfähigkeit, Anlauflänge, Geschwindigkeit, Tragkraft und auch

---

[1]) Für die Leser meines früheren Referats in diesem Jahrb. I 1912 möchte ich bemerken, daß sich dort bei der Besprechung der Knickungsbiegung eines einzelnen Holmfeldes mit gelenkigen Knotenpunkten ein unangenehmes Versehen eingeschlichen hat. Es muß dort heißen:

$$M_{max} = M_0 / \cos \frac{l}{2} \sqrt{\frac{P}{EJ}} \sim M_0 \left(1 + \frac{10}{8n}\right)$$

wo $n = \pi^2 \frac{EJ}{Pl^2}$ die Eulersche Knicksicherheit und bei einer Knicksicherheit von $n = 3$ ergibt sich eine Momenterhöhung von $10/24$ und nicht von $1/9$, wie dort irrtümlich behauptet.

Es wird nun freilich unten gezeigt werden, daß es zu ungünstig ist, jedes Feld einzeln zu betrachten, sowohl für die Momentenfläche, als auch für die Knickung.

seiner Steuereigenschaften nötig ist. Diese Betriebsbelastung sollte so genau als möglich auf Grund früherer Betriebserfahrung und Laboratoriumsversuche und auf Grund der besonderen Tragflächenformen, Tragflächen, Umrisse, Schwerpunktslage und Winkel zwischen der Rumpfachse und den verschiedenen Tragflächensehnen berechnet werden.

Zweitens aber diejenige für die Festigkeitsberechnung. Diese sollte so einfach und übersichtlich abgerundet sein, als es sich mit der Sicherheit und Leichtigkeit des Systems verträgt. Einesteils nämlich verwischen sich die Feinheiten der Auftriebs- und Widerstandskräfte zum Schluß der Spannungsberechnung doch, andererseits entspricht eine sehr fein abgestufte Belastungsverteilung gar nicht den sonstigen Unsicherheiten und Abrundungen der Rechnung und der Stärkebemessungen, ferner muß mit nachträglichen Änderungen der Tragflächenwölbung und Tragflächenverspannung doch gerechnet werden. Im ganzen kommt es eben nur darauf an, ein Belastungsbild aufzustellen, das zwar nicht zu sehr nach der ungünstigen Seite vereinfacht ist, aber vor allen Dingen nicht zu günstig aufgestellt ist, damit man gewiß ist, sich auf der sicheren Seite zu befinden.

Die Zelle eines Flugzeugs besitzt gewöhnlich zwei Tragwände, und es ist die erste Aufgabe, die Gesamtbelastung der Zelle richtig auf diese Tragwände zu verteilen. Wesentlich ist dabei, daß die Luftdruckresultierende, die ja der Belastung das Gleichgewicht hält, je nach dem gewählten Flügelprofil und bei demselben Profil je nach den verschiedenen Flugwinkeln verschieden liegt. Es fragt sich nun auch hier wieder, ob nur die besonderen Lagen der Druckresultierenden für das gerade gewählte Profil oder ob auch nachträglich mögliche Profiländerungen am fertigen Flugzeug in Betracht gezogen werden sollen. In letzterem Falle, dem die Verf. mehr zuneigen, wäre die ungünstigste der wahrscheinlichen Druckverteilungen zu wählen, die bei den üblichen Tragflächenprofilen auftreten können. Allerdings fehlen noch zuverlässige Veröffentlichungen der Druckpunktwanderungen der heute gebräuchlichen Profile. Das Göttinger Laboratorium hat nur Ergebnisse über dünne gewölbte Flügelflächen veröffentlicht, und die technischen Profile, die Eiffel darauf geprüft und veröffentlicht hat, sind nicht die heute gebräuchlichen und bedürfen auch der Bestätigung durch andere Versuchsanstalten. Über Druckpunktwanderung an den Einzelflächen von Doppeldeckern überdies findet man nirgends Angaben, nur der Gang der Gesamtresultierenden ist von Betz untersucht worden, der eine geringere Verschiebung als bei Eindeckerflächen festgestellt hat. Wenn man also zunächst die Druckpunktwanderung der Eindeckerflächen auch bei Doppeldeckern verwendet, so rechnet man wahrscheinlich zu ungünstig.

Welche Holmbelastung sich aus einer gegebenen Druckwanderungskurve ergibt, hat der erstgenannte der Verf. in diesem Jahrbuch (1912/1913 S. 87—89) an einer gewölbten (1:15) dünnen Platte vom Seitenverhältnis 1:4 gezeigt und möchte die Ergebnisse bei drei gebräuchlichen Lagen von Holm gegen Rippe hier nochmals anführen, weil sie die Lehren der Praxis über die starke Belastung des Hinterholms von unten und des Vorderholms von oben zahlenmäßig bestätigen und noch nicht genügend beachtet zu sein scheinen.

Es mögen wie dort ζ_a und ζ_w die bekannten dimensionslosen, von dem Angriffswinkel i des Luftstroms abhängigen Auftriebs- und Widerstandskoeffizienten der betrachteten Tragfläche, $\eta = \dfrac{e}{l+c_1+c_2}$ die experimentell bestimmte verhältnismäßige Druckpunktwanderung sein und im übrigen die Bezeichnungen der Fig. 1 gelten. Dann sind, wie loc. cit. abgeleitet, die durch die Rippe auf die Holme übertragenen Belastungen:

$$A = \frac{G}{2}\left[1 - \frac{c_1-c_2}{l} + 2\eta\left(1 + \frac{c_1+c_2}{l}\right)\right]\frac{\zeta_a \cos i + \zeta_w \sin i}{\sqrt{\zeta_a^2 + \zeta_w^2}}$$

$$B = \frac{G}{2}\left[1 + \frac{c_1-c_2}{l} - 2\eta\left(1 + \frac{c_1+c_2}{l}\right)\right]\frac{\zeta_a \cos i + \zeta_w \sin i}{\sqrt{\zeta_a^2 + \zeta_w^2}}.$$

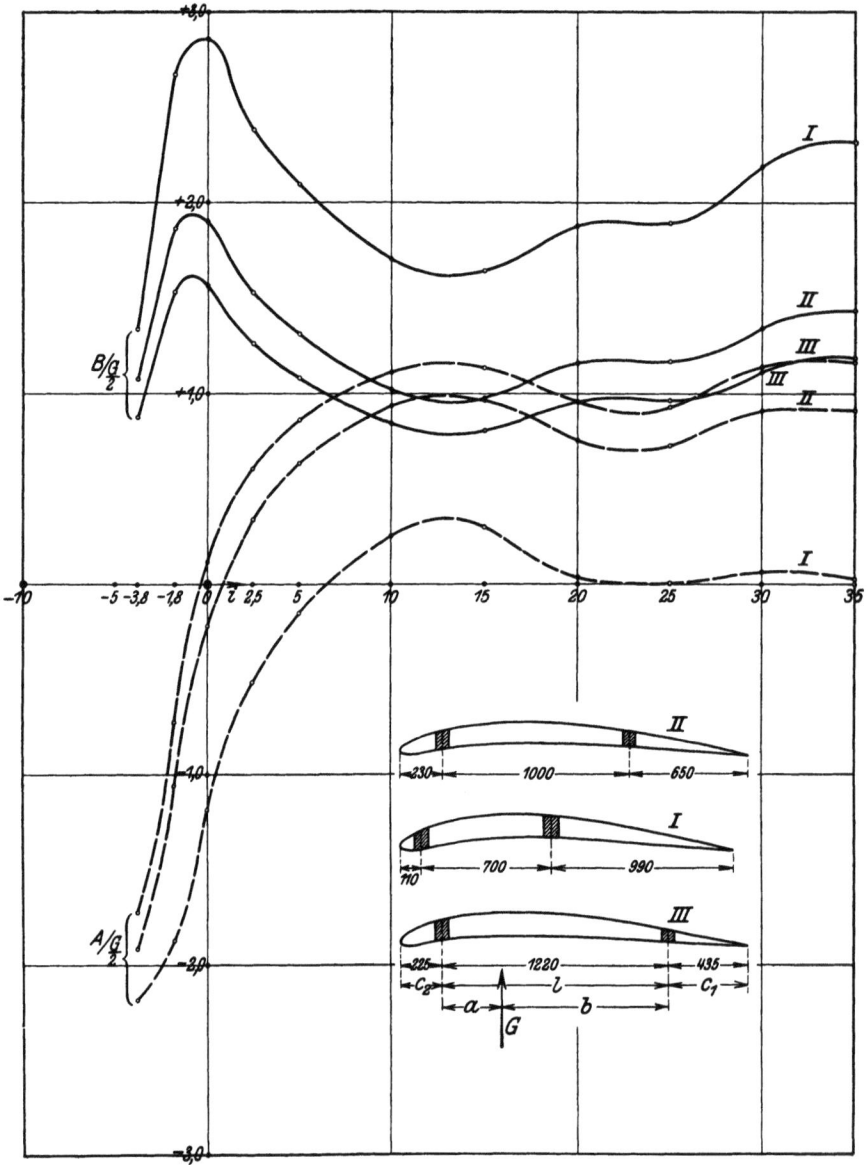

Fig. 1. Verteilung des gesamten Flugzeuggewichts G beim Gleitflug auf die Holme bei verschiedenen Anstellwinkeln i und entsprechendem Gleitflugwinkel α.

G ist hierbei das Gesamtgewicht des Flugzeugs, wobei Rumpf und Schwanzfläche als nicht tragend angesehen werden, und es ist bei der Aufstellung der Formel berücksichtigt, daß im Gleitflug die Flügel nicht das ganze Gewicht, sondern nur eine der Bahnneigung entsprechende Komponente zu tragen haben. (Siehe loc. cit.)

Von Wichtigkeit für die Beurteilung sind dabei: der Winkel des zugehörigen Gleitflugs gegeben durch $\operatorname{tg} \alpha = \frac{\zeta_w'}{\zeta_a}$, wo ζ_w' der Koeffizient des Gesamtwiderstandes des Flugzeugs und der Zusammenhang von Geschwindigkeit v, Flächenbelastung $\frac{G}{F}$ und Luftdichte ϱ gegeben ist durch die Werte von $\frac{v\sqrt{\varrho}}{\sqrt{G/F}}$.

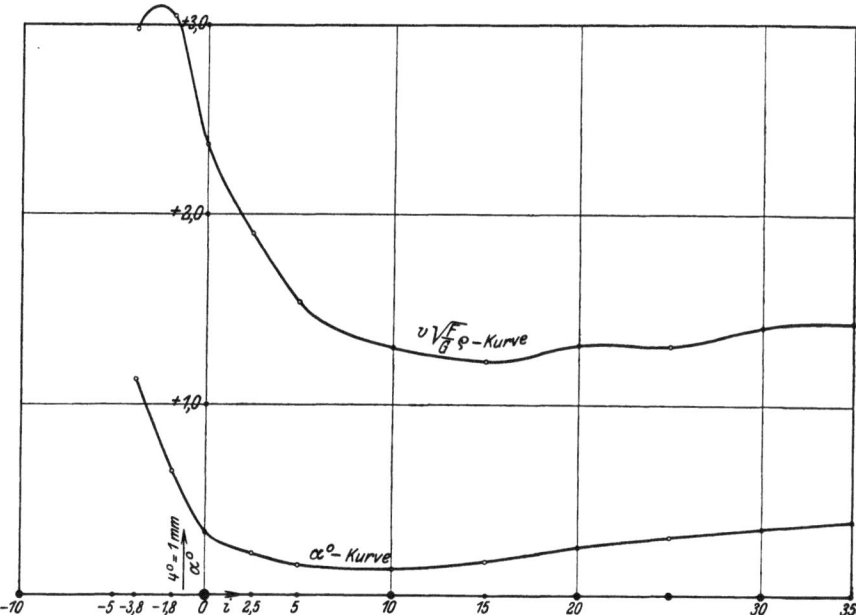

Fig. 2. Gleitflugwinkel α und spezifische Fluggeschwindigkeit $v\sqrt{\frac{F}{G}\cdot\varrho}$ bei verschiedenen Anstellwinkeln i.

Für die in Fig. 1 angegebenen Holmanordnungen sind nun die obigen Formeln ausgewertet und aufgetragen worden, wobei die Werte der Tafel auf S. 88 dieses Jahrbuchs 1912/1913 benutzt wurden. Die zu denselben Winkeln i gehörigen Werte von α in Grad und $\frac{v\sqrt{\varrho}}{\sqrt{G/F}}$ sind in Fig. 2 gezeichnet.

Es wäre sehr nützlich, wenn ähnliche Kurventafeln für die heute bewährten Flügelprofile auch für die einzelnen Tragflächen der Doppeldecker nach zuverlässigen Messungen den Konstrukteuren zur Verfügung ständen, um ein sichereres Urteil über Belastungsverteilung und dadurch günstigste Materialverteilung zu gewinnen.

Immerhin zeigen schon die nebenstehenden Kurven, wie nötig es ist, einen Kompromiß zwischen den Forderungen möglichst großer Holmhöhe einerseits und schlank verlaufender Flügelprofile und guter Lastverteilung andererseits zu schließen. Kurve I erfüllt zwar die ersten beiden Forderungen, bedingt aber sehr hohe Belastungen des Hinterholms von unten und des Vorderholms von oben. Kurve II besitzt eine gleichmäßige Lastverteilung bei Winkeln von 10 bis 17° infolge Zurückschiebung des Hinterholms und Kurve III infolge noch stärkerer Zurückschiebung gute Verteilung zwischen 5° und 10°. II und III sind aber offenbar konstruktiv unbequemer.

Alle Kurven lassen erkennen, daß bei Sturzflügen eine sehr starke Belastung des Vorderholms von oben mindestens gleich dem $1^3/_4$ fachen der halben Last und des Hinterholms von unten mindestens gleich dem $1^1/_2$ fachen der halben Last in Rechnung zu stellen ist.

Eine solche Verteilung auf die Holme ist zweifellos vorzunehmen, wenn es sich um die Biegungsbelastung der Holme handelt; dagegen wird es erlaubt sein, etwas günstiger zu rechnen, wenn es sich um die Lastverteilung auf die Hauptverspannung, d. h. auf die Tragwand handelt. In diesem Fall werden die von der Vorder- nach der Hinterwand reichenden, in senkrechten Ebenen liegenden Querverspannungen und auch die Innenverspannung des Tragwerks selbst dem ganzen System eine solche Torsionsfestigkeit geben, daß ein Ausgleichen der Lastverteilung auf die beiden Hauptverspannungen eintritt. Wie groß dieser Ausgleich ist, ist hier nicht behandelt worden; es wird aber nötig sein, diese Aufgabe möglichst bald zu lösen.

Beiläufig möge aus Fig. 2 ebenfalls eine Folgerung über die verwendete Flügelform gezogen werden. Der kleinste Gleitwinkel 14° ist etwa bei 9° Angriffswinkel vorhanden. Dieser Winkel würde auch bei dem stärksten Steigflug benutzt werden müssen und würde dabei $\frac{v\sqrt{\varrho}}{\sqrt{G/F}} = 1{,}31$ liefern, also bei einer Flächenbelastung von 30 kg/qm, $v = 1{,}31 \cdot \sqrt{2{,}40} = 20{,}3$ m/sek (73 km/stde). Für größte Geschwindigkeit muß bekanntlich ein sehr viel kleinerer Angriffswinkel auf Kosten des Nutzeffektes gewählt werden. Bei $i = 2{,}5°$ ergibt sich $\frac{v\sqrt{\varrho}}{\sqrt{G/F}} = 1{,}91$, $v = 29{,}4$ m/sek (106 km/stde), welche Zahlen etwa vorkommenden Verhältnissen entsprechen, obgleich die Kurven der Fig. 2 auch nur qualitativen Wert haben, da sie einen von i unabhängigen Rumpfwiderstand voraussetzen.

Es wird sich bei der Durchrechnung herausstellen, daß die Spannkräfte der Schrägseile und Vertikalen durch die oben auseinandergesetzten Besonderheiten nur wenig beeinflußt werden, so daß für diese die elementare Berechnung auf Grund der Voraussetzung gelenkiger Knotenpunkte genügend genau wäre. Dagegen läßt sich eine zuverlässige Beurteilung der Holmspannung und Stärkebemessung der Holme nur unter Berücksichtigung der oben dargelegten Gesichtspunkte gewinnen, weswegen wir im Titel des Referats die Flugzeugholme herausgehoben haben, obgleich die Formänderungen, der Sicherheitsgrad und die Spannkräfte der übrigen Glieder der Flugzeugzelle sich im folgenden mit ergeben werden.

Untersuchung eines Doppeldeckers mit 3 Hauptlasten.

Wir beginnen mit der Durchrechnung einer hinteren Tragwand der Doppeldeckerzelle eines Großflugzeugs von 20 m Spannweite und 2700 kg Gesamtlast mit zwei seitlichen Motoren und einem Hauptrumpf. Wie oben gezeigt, kann der Fall, daß die hintere Tragwand dreiviertel der Gesamtlast aufzunehmen hat, beim Gleitfluge bei der üblichen Lage der Rippen zu den Holmen eintreten. Unter dieser Voraussetzung ergibt sich eine Belastung von 100 kg auf den laufenden Meter der Tragwand, wenn man die vielleicht etwas zu ungünstige Annahme gleichmäßiger Verteilung über die Tragflächenspannweite macht. Diese Kräfte werden sich nun aber nicht gleich auf die obere und untere Tragfläche verteilen, sondern den Oberholm stärker belasten, wie Laboratoriumsversuche und theoretische Überlegungen gezeigt haben. Dieser Unterschied kann auf 20 % geschätzt werden und ist wohl zu beachten, da es gerade der auf Druck beanspruchte Oberholm ist, der die erhöhten Biegungsbelastungen aufzunehmen hat. Für die Hauptspannkräfte des Systems macht die Art der Verteilung allerdings wenig aus, nur die Vertikalen erhalten um so weniger Druck, je mehr die obere Tragfläche übernimmt. Für diese allein empfiehlt es sich, um sicher zu gehen, nachträglich mit einer gleichen Verteilung auf Ober- und Unterholm zu rechnen. Für alle anderen Glieder aber soll die folgende Belastungsannahme zugrunde liegen:

Gleichmäßig verteilte Luftkräfte	55 kg/m f. d. Oberholm,	45 kg/m f. d. Unterholm
Gleichmäßig verteilte Eigengewichte der Zelle	—5 „ „ „	—5 „ „ „
Gleichwertig mit Knotenpunktslasten	—5 „ „ „	—5 „ „ „
Gleichmäßig verteilte Gesamtbelastung . . .	45 kg/m f. d. Oberholm,	35 kg/m f. d. Unterholm

Die nach oben gerichteten Kräfte haben sich nun mit den Einzellasten der Seitengondeln und des Rumpfes ins Gleichgewicht zu setzen. In den Seitenzellen sind im wesentlichen die Motoren und Benzingefäße die Lasten, und zwar je 360 kg, die auf die beiden Knotenpunkte V und VI entfallen und im Rumpf eine große Menge von Betriebslast, zusammen etwa 410 kg auf Knotenpunkt VII der Fig. 3.

Verteilt man alle Lasten auf die Knotenpunkte, so als ob diese gelenkig sind, so ergibt sich das Belastungsschema der Fig. 3.

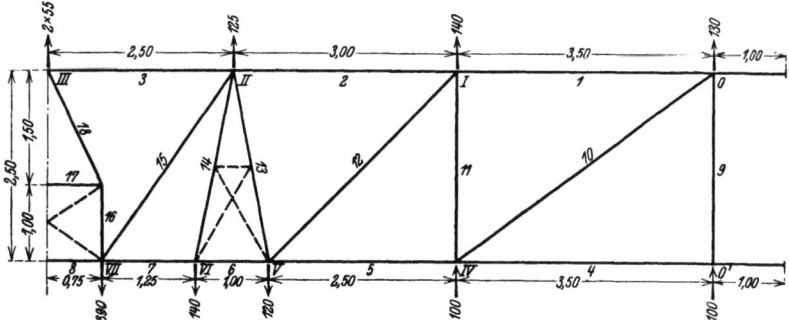

Fig. 3. Belastungsschema des Doppeldeckers mit drei Hauptlasten.
(Die Zahlen an den Pfeilen geben die Lasten in kg an.)

I. Spannkräfte und Winkeländerungen des Hauptsystems unter Voraussetzung gelenkiger Knoten.

Die Rechnung soll nun so vor sich gehen, daß zunächst für ein Hauptsystem unter Voraussetzung gelenkiger Knoten die Spannkräfte und Formänderungen ermittelt und aus diesen verbesserte Werte unter Beachtung des gelenklosen Durchlaufens und der Knickbeanspruchung der Holme gewonnen werden.

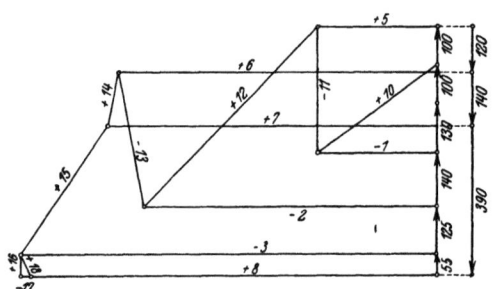

Fig. 4. Kräfteplan (100 kg = 5 mm).

In Fig. 4 ist der erste so entstehende Kräfteplan dargestellt.

Für die Stäbe der Holme liefert der Kräfteplan die in der folgenden Tabelle zusammengestellten Werte S_0 der Spannkräfte, und aus diesen bei einem Elastizitätsmodul beider hohlen Holzholme $E = 10^5$ kg/cm² und einem Querschnitt $F = 15{,}8$ cm² der Holme die folgenden Werte der Längenänderungen Δs:

Stab	S_0 kg	$\sigma_0 = \dfrac{S_0}{F} = \dfrac{S_0}{15{,}8}$ kg/cm²	s cm	$\Delta s = \dfrac{\sigma_0 \cdot s}{10^5}$ cm
		Oberholm:		
1	− 322	20,4	350	0,07
2	− 792	50,1	300	0,15
3	− 1125	71,2	250	0,18
		Unterholm:		
5	+ 322	20,4	250	0,05
6	+ 862	54,6	100	0,055
7	+ 890	56,4	125	0,07
8	+ 1125	71,2	150	0,11

Trägheitsmoment des Holmquerschnitts $J = 221{,}3$ cm⁴; $\sqrt{EJ} = 4704{,}3$
Widerstandsmoment   ,,   ,, $W = 40{,}2$ cm³

In den Knoten werde der Querschnitt verstärkt, so daß hier:
$$F' = 18{,}0 \text{ cm}^2 \qquad W' = 44{,}23 \text{ cm}^3$$

Diagonalen: Für die Diagonalen wurden doppelt geflochtene Drahtseile vorausgesetzt, die zwar etwas dehnbarer sind als einmal geflochtene, aber sich besser spleißen lassen. Der Elastizitätsmodul derselben wurde zu $2\,150\,000 \cdot 0{,}6^2$ kg/qcm $= \sim 8 \cdot 10^5$ kg/qcm[1]) eingeführt.

Als zulässige Spannung wurde 4000 kg/qcm auf den wirklichen Drahtquerschnitt zugelassen, nur für die innerste Diagonale 15 wurde diese aus Gründen, die während der Rechnung hervortreten, auf 2000 kg/qcm heruntergesetzt, so daß:

$$\Delta s_0 = \frac{\sigma_0 \cdot s}{E} = \begin{cases} \dfrac{4000}{800\,000} \cdot s = \dfrac{1}{200} \cdot s & \text{für Stab 10 und 12} \\[2mm] \dfrac{2000}{800\,000} \cdot s = \dfrac{1}{400} \cdot s & \text{,, ,, 15} \end{cases}$$

---
[1]) Handbuch der Hütte I 22. Aufl. S. 501.

Die Festigkeitsberechnung der Flugzeugholme.

Demnach erhält man folgende Längenänderungen der Diagonalen:

Stab	s cm	σ_0 kg/cm²	Δs_0 cm
10	$\sqrt{2{,}50^2 + 3{,}50^2} = 430{,}1$	4000	2,150⁵
12	$\sqrt{2{,}50^2 + 2{,}50^2} = 353{,}6$	4000	1,768
15	$\sqrt{2{,}50^2 + 1{,}75^2} = 305{,}2$	2000	0,763

Die Längenänderungen der Vertikalen (Stahlrohre) wurden vernachlässigt, da diese auf Knickung zu bemessenden Stäbe nur ganz geringe Spannungen erfahren.

Der in Fig. 5 dargestellte mit diesen Längenänderungen gezeichnete Williotsche Verschiebungsplan[1]) ergab folgende Verschiebungen der Knoten in vertikaler Richtung:

Oberholm: $\delta_0 = 87{,}5$ mm
$\delta_I = 41{,}8$ „
$\delta_{II} = 11{,}0$ „
$\delta_{III} = 0$

Unterholm: $\delta_0' = 87{,}5$ mm
$\delta_{IV} = 41{,}8$ „
$\delta_V = 11{,}7$ „
$\delta_{VI} = 10{,}4$ „
$\delta_{VII} = 0$

Für die Clapeyronschen Gleichungen der als durchlaufende Träger betrachteten Holme werden wir unten die Winkeländerungen in den Knoten brauchen.

Da nach Fig. 6[2]) diese Winkeländerungen an den Knotenpunkten

$$\Delta \vartheta_m = \frac{\delta_{m-1} - \delta_m}{l_m} - \frac{\delta_m - \delta_{m+1}}{l_{m+1}}$$

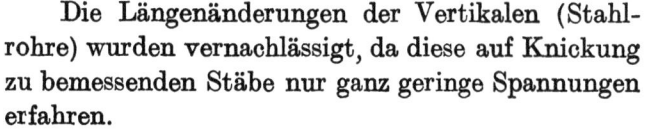

Fig. 5. Verschiebungsplan. Fig. 6. Winkeländerungen in den Knoten infolge der vertikalen Durchbiegungen.

---

[1]) Siehe Müller-Breslau, Statik der Baukonstruktionen Bd. II Abt. 1 S. 59 ff.
[2]) In dieser Figur und der für die Stützkraftverbesserungen A_m (Fig. 9) ist versehentlich die Stablänge mit l_m statt mit s_m bezeichnet.

sind, ergeben sich unter der zulässigen Vernachlässigung des Einflusses der Horizontalverschiebungen auf die Winkeländerungen die in nachstehender Tabelle zusammengestellten Werte $\Delta \vartheta_m$:

Punkt	δ_m	$\delta_{m-1} - \delta_m$	l_m	$\dfrac{\delta_{m-1} - \delta_m}{l_m}$	$\Delta \vartheta_m$
0	87,5				
I	41,8	45,7	3500	0,01306	+ 0,0028
II	11,0	30,8	3000	0,01027	+ 0,0059
III	0	11,0	2500	0,00440	+ 0,0088
II′	11,0	− 11,0		− 0,00440	
0′	87,5				
IV	41,8	45,7	3500	0,01306	− 0,0010
V	11,7	30,1	2500	0,01204	− 0,0107
VI	10,4	1,3	1000	0,00130	+ 0,0070
VII	0	10,4	1250	0,00832	− 0,0083
VII′	0	0		0	

IIa. Knotenmomente der Holme bei normaler Last.

Die Holme mögen nun im nächsten Rechnungsgang betrachtet werden als durchlaufende biegungsfeste Balken mit den oben berechneten Durchbiegungen δ ihrer Stützpunkte und den gegebenen Querbelastungen durch die Tragflächenrippen.

Die oben berechneten Durchbiegungen δ und Winkeländerungen $\Delta \vartheta$ sind allerdings um ein Geringes zu groß, da die Holme durchlaufend und nicht gelenkig sind. Der Fehler ist jedoch nur klein, wie durch eine zweite Korrektion auf S. 15 nachgewiesen wird.

1. Oberholm (Biegung mit Druck):

Nach Müller-Breslau (Statik der Baukonstruktionen, II, 2, S. 286 ff.) werden die Tangentenneigungen τ an den Auflagern eines durch die Druckkraft S beanspruchten Stabes, an dessen linkem Ende das Knotenmoment M_A, an dessen rechtem M_B angreift, bei einer Querbelastung g pro Längeneinheit (Fig. 7):

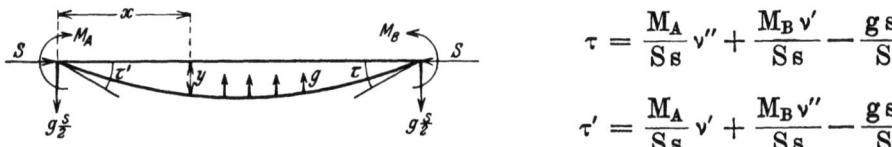

$$\tau = \frac{M_A}{S s} v'' + \frac{M_B}{S s} v' - \frac{g s}{S} v'''$$

$$\tau' = \frac{M_A}{S s} v' + \frac{M_B}{S s} v'' - \frac{g s}{S} v'''$$

Fig. 7. Formänderung eines Oberholmstabes.

wo:

$$v' = 1 - \frac{\alpha}{\operatorname{tg} \alpha}$$

$$v'' = \frac{\alpha}{\sin \alpha} - 1$$

$$v''' = \frac{1 - \cos \alpha}{\alpha \sin \alpha} - \frac{1}{2}$$

$$\alpha = \frac{s}{k} \qquad k = \sqrt{\frac{EJ}{S}}$$

Hierin ist die Querbelastung des Oberholms $g = 0,055 - 0,005 = 0,050$ t/m.

2. Unterholm (Biegung zusammenwirkend mit Zug) (Fig. 8):

Stab 5 bis 8:

$$\tau' = \frac{M_A}{S\,s}v' + \frac{M_B}{S\,s}v'' - \frac{g\,s}{S}v'''$$

$$\tau = \frac{M_A}{S\,s}v'' + \frac{M_B}{S\,s}v' - \frac{g\,s}{S}v'''$$

wo:

$$v' = \frac{\alpha}{\mathfrak{Tang}\,\alpha} - 1$$

$$v'' = 1 - \frac{\alpha}{\mathfrak{Sin}\,\alpha}$$

$$v''' = \frac{\mathfrak{Cof}\,\alpha - 1}{\alpha\,\mathfrak{Sin}\,\alpha} - \frac{1}{2}$$

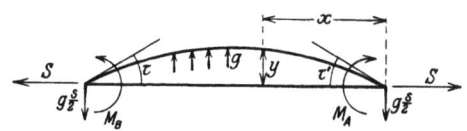

Fig. 8. Formänderung eines Unterholm-Stabes.

Stab 4: Für diesen ist $S = 0$ und, wenn M_0' das im Knoten $0'$ infolge des Tragarms hervorgerufene Moment bezeichnet:

$$\tau_4 = (2\,M_{IV} + M_0')\frac{s_4}{6\,EJ} + \frac{g_4\,s_4^3}{24\,EJ}$$

$$s_4 = 3{,}50\,\text{m}; \quad M_0' = -0{,}040 \cdot 1{,}0 \cdot \frac{1{,}0}{2} = -0{,}020\,\text{mt}$$

$$\tau_4 = \frac{3{,}50\left(2\,M_{IV} - 0{,}020 + 0{,}040 \cdot \frac{3{,}50^2}{4}\right)}{6 \cdot 2{,}213} = 0{,}527\,M_{IV} + 0{,}0270$$

Hierin für alle Stäbe des Unterholms $g = 0{,}045 - 0{,}005 = 0{,}040$ t/m.

Setzt man für beide Holme:

$$\psi = \frac{v}{S\,s}$$

so erhält man aus der Bedingung: $\tau_{m+1} + \tau_m' = \Delta\vartheta_m$ der Gleichung der Biegungslinie folgende verallgemeinerte Clapeyronsche Gleichungen zur Bestimmung der Knotenmomente beider Holme:

$$M_{m-1}\psi_m'' + M_m(\psi_m'' + \psi_{m+1}'') + M_{m+1}\psi_{m+1}''$$
$$= \Delta\vartheta_m + \frac{g_m\,s_m}{S_m}v_m''' + \frac{g_{m+1}\,s_{m+1}}{S_{m+1}}v_{m+1}'''$$

IIb. Feldmomente der Holme bei normaler Last.

Aus der Gleichung der Biegungslinie ermittelt man die größten Biegungsmomente in der Nähe der Feldmitte nach Stellung und Größe, d. h. die Feldmomente der Holme.

1. Oberholm: Setzt man

$$C_1 = \frac{D_1}{S} \qquad\qquad \text{worin: } D_1 = M_A - g\,k^2$$

$$C_2 = \frac{\dfrac{D_2}{\sin\alpha} - D_1\cotg\alpha}{S}. \qquad D_2 = M_B - g\,k^2$$

so ist der gefährliche Querschnitt bestimmt durch:

$$\operatorname{tg} \frac{x}{k} = \frac{C_2}{C_1}$$

Das Feldmoment wird:

$$M_{\substack{max \\ min}} = D_1 \cdot \frac{1}{\cos\frac{x}{k}} + g k^2$$

2. Unterholm (Stab 5 bis 8): Setzt man

$$C_1 = \frac{D_1}{S} \qquad\qquad \text{worin: } D_1 = M_A - g k^2$$

$$C_2 = \frac{D_1 \operatorname{Cotg} \frac{s}{k} - \frac{D_2}{\operatorname{Sin}\frac{s}{k}}}{S} \qquad\qquad D_2 = M_B - g k^2$$

so wird

$$\operatorname{Tg} \frac{x}{k} = \frac{C_2}{C_1}; \qquad M_{\substack{max \\ min}} = \frac{D_1}{\operatorname{Cof}\frac{x}{k}} + g k^2$$

III. Untersuchung für dreifache Last.

Wegen des Zusammenwirkens von Biegung und Druck wachsen die Spannungen bei Lastvergrößerung schneller als proportional. Es ist deswegen notwendig die Art dieses Wachsens zu verfolgen.

Die Werte $\varDelta\vartheta$, die Querbelastung g und die Spannkräfte S können jedoch mit genügender Genauigkeit verdreifacht werden.

Die zahlenmäßige Durchrechnung nach den obigen Ansätzen geben die nachstehenden Tabellen, aus denen auch die größten Beanspruchungen ersichtlich sind.

IIa. Berechnung der Knotenmomente der Holme für normale Last:

Stab	\multicolumn{9}{c}{Oberholm:}								
	S_0 (kg)	s (cm)	$a_0 = \frac{s\sqrt{S_0}}{4704,3}$	a^0	$\sin a$	$\cos a$	$\cot g\, a$	$a \cot g\, a$	ν'
1	322	350	1,335	76° 29,3′	+ 0,972	+ 0,235	0,240	+ 0,320	+ 0,680
2	792	300	1,795	102° 50,7′	+ 0,975	− 0,222	0,228	− 0,409	+ 1,409
3	1125	250	1,782	102° 6,2′	+ 0,978	− 0,209	0,214	− 0,381	+ 1,381

Stab	Oberholm:							$g = 0{,}05$ t/m	
	$\frac{a}{\sin a}$	ν''	$\frac{1-\cos a}{a \sin a}$	ν'''	$S \cdot s$ (mt)	ψ'	ψ''	$g\frac{s}{S}$	$g\frac{s}{S}\cdot\nu'''$
1	+ 1,374	0,374	0,589	0,089	1,127	0,603	0,332	0,544	0,0484
2	+ 1,841	0,841	0,699	0,190	2,376	0,593	0,354	0,190	0,0377
3	+ 1,824	0,824	0,693	0,193	2,8125	0,491	0,293	0,111	0,0215

Die Festigkeitsberechnung der Flugzeugholme.

Stab	Unterholm:								
	S_0 (kg)	s (cm)	$a_0 = \frac{s\sqrt{S_0}}{4704{,}3}$	a^0	$\mathfrak{Sin}\,a$	$\mathfrak{Cof}\,a$	$\mathfrak{Tg}\,a$	$\frac{a}{\mathfrak{Tg}\,a}$	ν'
5	322	250	0,954	—	1,105	1,491	0,742	1,285	0,285
6	862	100	0,624	—	0,665	1,201	0,554	1,126	0,126
7	890	125	0,793	—	0,879	1,331	0,660	1,201	0,201
8	1125	150	1,069	—	1,285	1,628	0,789	1,354	0,354

Stab	Unterholm:							$g = 0{,}04$ t/m	
	$\frac{a}{\mathfrak{Sin}\,a}$	ν''	$\frac{\mathfrak{Cof}\,a - 1}{a\,\mathfrak{Sin}\,a}$	ν'''	$S \cdot s$ (mt)	ψ'	ψ''	$g\frac{s}{S}$	$g\frac{s}{S}\cdot\nu'''$
5	0,863	0,137	0,466	— 0,034	0,805	0,354	0,170	0,311	— 0,0106
6	0,938	0,062	0,484	— 0,016	0,862	0,146	0,072	0,046	— 0,0007
8	0,902	0,098	0,475	— 0,025	1,1125	0,181	0,088	0,056	— 0,0014
8	0,832	0,168	0,457	— 0,043	1,6875	0,210	0,100	0,053	— 0,0023

Man erhält daher folgende Gleichungen zur Bestimmung der Knotenmomente:

Oberholm

$\overbrace{M_0}$
$0{,}025 \cdot 0{,}332 + M_I\,(0{,}603 + 0{,}593) + M_{II}\cdot 0{,}354 = 0{,}0028 + 0{,}0484 + 0{,}0377$
$M_I \cdot 0{,}354 + M_{II}\,(0{,}593 + 0{,}491) + M_{III}\cdot 0{,}293 = 0{,}0059 + 0{,}0377 + 0{,}0215$
$M_{II} \cdot 2 \cdot 0{,}293 + M_{III}\cdot (2 \cdot 0{,}491) \qquad = 0{,}0088 + 2 \cdot 0{,}0215$

Unterholm (da $M_{VII} = M_{VIII}$)

$M_{IV}\,(0{,}527 + 0{,}354) + M_V \cdot 0{,}170 = -\,0{,}0010 - 0{,}0270 - 0{,}0106$
$M_{IV}\cdot 0{,}170 + M_V\,(0{,}354 + 0{,}146) + M_{VI}\cdot 0{,}072 = -\,0{,}0107 - 0{,}0106 - 0{,}0007$
$M_V \cdot 0{,}072 + M_{VI}\,(0{,}146 + 0{,}181) + M_{VII}\cdot 0{,}088 = +\,0{,}0070 - 0{,}0007 - 0{,}0014$
$M_{VI}\cdot 0{,}088 + M_{VII}(0{,}181 + 0{,}210 + 0{,}100) \qquad = -\,0{,}0083 - 0{,}0014 - 0{,}0023$

Die Auflösung ergibt:

Oberholm:
$M_I = +\,0{,}058$ mt
$M_{II} = +\,0{,}032$,,
$M_{III} = +\,0{,}034$,,

Unterholm:
$M_{IV} = -\,0{,}037$ mt
$M_V = -\,0{,}036$,,
$M_{VI} = +\,0{,}031$,,
$M_{VII} = -\,0{,}030$,,

IIIa. Berechnung der Knotenmomente der Holme für dreifache Last:

Stab	Oberholm:							
	$a = a_0\sqrt{3}$	a^0	$\sin a$	$\cos a$	$\cotg a$	$a\cotg a$	ν'	$\frac{a}{\sin a}$
1	2,312	132° 28,1'	+ 0,738	— 0,675	— 0,915	— 2,116	+ 3,116	+ 3,134
2	3,109	178° 7,9'	+ 0,0326	— 0,999	— 30,694	— 95,428	+ 96,428	+ 95,368
3	3,086	176° 11,0'	+ 0,0666	— 0,998	— 14,992	— 46,265	+ 47,265	+ 46,364

Stab	Oberholm:							
	ν''	$\dfrac{1-\cos\alpha}{\alpha\sin\alpha}$	ν'''	$3\,S_0\cdot s$	ψ'	ψ''	$g\,\dfrac{s}{S}$	$g\,\dfrac{s}{S}\cdot\nu'''$
1	+ 2,134	0,996	0,496	3,381	+ 0,922	+ 0,632	0,544	+ 0,2698
2	+ 94,368	19,724	19,224	7,128	+ 13,528	+ 13,239	0,190	+ 3,6526
3	+ 45,364	9,721	9,221	8,4375	+ 5,602	+ 5,376	0,111	+ 1,0235

Stab	Unterholm:							
	$\alpha=\alpha_0\sqrt{3}$	α_0	$\operatorname{Sin}\alpha$	$\operatorname{Cos}\alpha$	$\operatorname{Tang}\alpha$	$\dfrac{\alpha}{\operatorname{Tang}\alpha}$	ν'	$\dfrac{\alpha}{\operatorname{Sin}\alpha}$
5	1,652	—	2,513	2,705	0,929	1,778	0,778	0,658
6	1,080	—	1,303	1,642	0,793	1,363	0,363	0,829
7	1,374	—	1,849	2,102	0,880	1,561	0,561	0,743
8	1,851	—	3,105	3,262	0,952	1,945	0,945	0,596

Stab	Unterholm:							
	ν''	$\dfrac{\operatorname{Cos}\alpha-1}{\alpha\operatorname{Sin}\alpha}$	ν'''	$3\,S_0\cdot s$	ψ'	ψ''	$g\,\dfrac{s}{S}$	$g\,\dfrac{s}{S}\cdot\nu'''$
5	0,342	0,411	− 0,089	2,415	0,322	0,142	0,311	− 0,0277
6	0,171	0,456	− 0,044	2,586	0,140	0,066	0,046	− 0,0020
7	0,257	0,434	− 0,066	3,3375	0,168	0,076	0,056	− 0,0037
8	0,404	0,394	− 0,106	5,0625	0,187	0,080	0,053	− 0,0056

Oberholm

$$\overline{M_0}\cdot 3\cdot 0{,}025\cdot 0{,}632 + M_{\mathrm{I}}(0{,}922 + 13{,}528) + M_{\mathrm{II}}\cdot 13{,}239 = 3\cdot 0{,}0028 + 0{,}2698 + 3{,}6526$$

$$M_{\mathrm{I}}\cdot 13{,}239 + M_{\mathrm{II}}(13{,}528 + 5{,}602) + M_{\mathrm{III}}\cdot 5{,}376 = 3\cdot 0{,}0059 + 3{,}6526 + 1{,}0235$$

$$M_{\mathrm{II}}\cdot(2\cdot 5{,}376) + M_{\mathrm{III}}\cdot(2\cdot 5{,}602) \qquad\qquad = 3\cdot 0{,}0088 + 2\cdot 1{,}0235$$

Unterholm:

$$(0{,}527 + 0{,}322)\cdot M_{\mathrm{IV}} + 0{,}142\,M_{\mathrm{V}} = 3\cdot -0{,}0010 - 3\cdot 0{,}0270 - 0{,}0277$$

$$0{,}142\,M_{\mathrm{IV}} + (0{,}322 + 0{,}140)\cdot M_{\mathrm{V}} + 0{,}066\,M_{\mathrm{VI}} = 3\cdot -0{,}0107 - 0{,}0277 - 0{,}0020$$

$$0{,}066\,M_{\mathrm{V}} + (0{,}140 + 0{,}168)\cdot M_{\mathrm{VI}} + 0{,}076\,M_{\mathrm{VII}} = 3\cdot +0{,}0070 - 0{,}0020 - 0{,}0037$$

$$0{,}076\,M_{\mathrm{VI}} + (0{,}168 + 0{,}187)\cdot M_{\mathrm{VII}} + 0{,}080\,M_{\mathrm{VIII}} = 3\cdot -0{,}0083 - 0{,}0037 - 0{,}0056$$

Die Auflösung ergibt:

Oberholm:
$M_{\mathrm{I}} = +0{,}200$ mt
$M_{\mathrm{II}} = +0{,}075$,,
$M_{\mathrm{III}} = +0{,}113$,,

Unterholm:
$M_{\mathrm{IV}} = -0{,}112$ mt
$M_{\mathrm{V}} = -0{,}116$,,
$M_{\mathrm{VI}} = +0{,}098$,,
$M_{\mathrm{VII}} = -0{,}096$,,

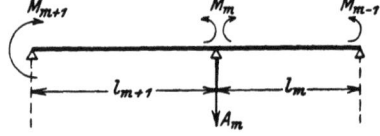

Fig. 9. Stützkraftverbesserungen A_m in den Knoten infolge der Knotenmomente.

Zusatzkräfte A_m in den Knoten infolge der Momente. Es folgt jetzt diejenige Verbesserung der Spannkräfte, die wegen des gelenklosen Durchlaufens streng genommen nötig ist. Diese Verbesserung erweist sich aber

Knoten	M_m (mkg)	$M_m - M_{m-1}$	l_m (m)	$\dfrac{M_m - M_{m-1}}{l_m}$	A_m (kg)
\multicolumn{6}{c}{Oberholm:}					
0	25				$+9$
I	58	$+33$	3,50	$+9,4$	-18
II	32	-26	3,00	$-8,7$	$+10$
III	34	$+2$	2,50	$+0,8$	$(2 \times) -1$
II'	32	-2		$-0,8$	
\multicolumn{6}{c}{Unterholm:}					
0'	20				
IV	37	$+17$	3,50	$+4,9$	$+5$
V	36	-1	2,50	$-0,4$	-5
VI	-31	-67	1,00	$-67,0$	-67
VII	30	$+61$	1,25	$+48,8$	$+116$
VII'	30	0	1,50	0	-49

als so gering, daß sie für künftige der Praxis dienende Rechnungen fortgelassen werden dürfte.

Durch die Knotenpunktmomente entsteht nämlich eine andere Lastverteilung auf die Knotenpunkte als die, von welcher im Anfang der Arbeit ausgegangen wurde, da die Knotenmomente Stützkraftverbesserungen A_m hervorrufen (Fig. 9).

$$A_m = \frac{M_{m+1} - M_m}{l_{m+1}} - \frac{M_m - M_{m-1}}{l_m}$$

Hiernach erhält man für die Stützkraftverbesserungen die in obenstehender Tabelle zusammengestellten Werte:

Infolge dieser Zusatzkräfte (Fig. 10) ergeben sich nach dem Cremonaplan, Fig. 11, folgende verbesserten Werte der Spannkräfte:

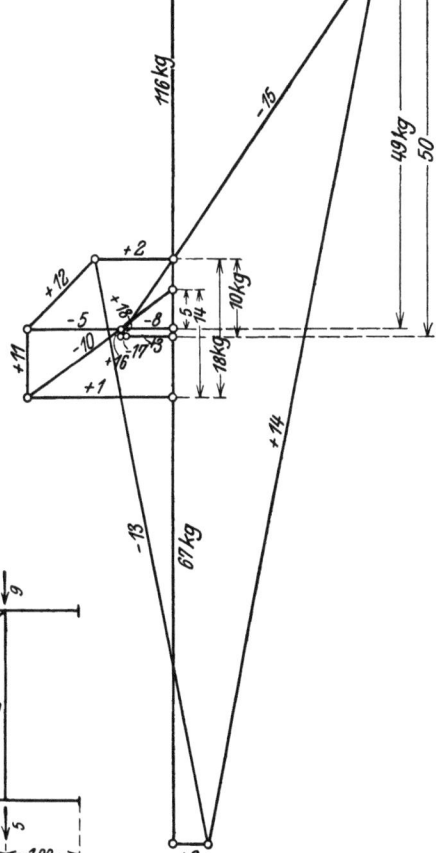

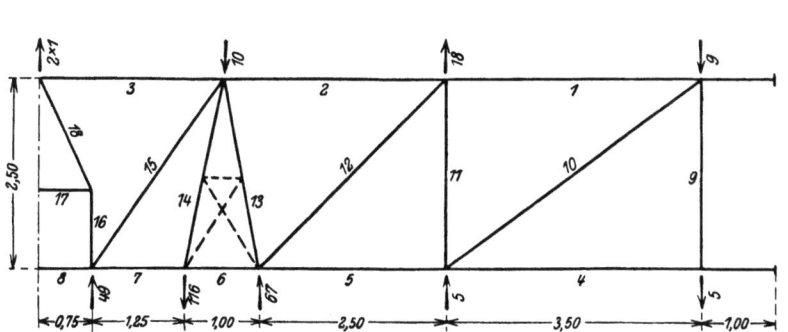

Fig. 10. Belastungsschema infolge der Stützkraftverbesserungen A_m. (Die Zahlen an den Pfeilen geben die Lasten in kg an.)

Fig. 11. Zusatzspannkräfte infolge der Stützkraftverbesserungen A_m. 1 kg = 1 mm.

Stab	S_0 (kg)	ΔS_0 (kg)	S (Abgerundet) (kg)
1	− 322	+ 20	− 300
2	− 792	+ 11	− 780
3	− 1125	+ 7	− 1120
5	+ 322	− 20	+ 300
6	+ 862	+ 5	+ 870
7	+ 890	+ 28	+ 920
8	+ 1125	− 7	+ 1120

Man sieht in der Tat, daß die Verbesserungen insbesondere bei den hoch beanspruchten Stäben 2, 3 und 8 sehr gering sind.

Die mit Hilfe dieser verbesserten Spannkräfte berechneten Werte der Feldmomente gibt die folgende Tabelle:

IIb. Feldmomente der Holme bei normaler Last.

Knicksicherheit des Einzelstabes nach Euler:

$$n^0 = \frac{\pi^2 E J}{S s^2}$$

Stab	S (kg)	s (cm)	a	a^0	$\sin a$	$\cotg a$	$g k^2 = \frac{0{,}11065}{S_{(t)}}$	M_A (mt)	M_B (mt)	D_1
1	300	350	1,288	73° 47,9′	+ 0,960	+ 0,291	0,369	0,058	0,025	− 0,311
2	780	300	1,780	101° 59,3′	+ 0,978	− 0,212	0,142	0,032	0,058	− 0,110
3	1120	250	1,777	101° 48,9′	+ 0,979	− 0,209	0,099	0,034	0,032	− 0,065

Stab	D_2	$D_1 \cotg a$	$\frac{D_2}{\sin a}$	$C_2 \cdot S$	$\tg \frac{x}{k}$	$\frac{1}{\cos \frac{x}{k}}$	$D_1 \frac{1}{\cos \frac{x}{k}}$	$M_{\max/\min}$ (mt)	$\sigma_{\max/\min}$ [1] (kg/cm²)	n^0
1	− 0,344	− 0,0905	− 0,358	− 0,2675	+ 0,860	1,319	− 0,410	− 0,041	121	5,9
2	− 0,084	+ 0,023	− 0,086	− 0,109	+ 0,992	1,409	− 0,155	− 0,013	81	3,1
3	− 0,067	+ 0,014	− 0,068	− 0,082	+ 1,262	1,610	− 0,105	− 0,006	86	3,1

Stab	S (kg)	s (cm)	a	a^0	$\mathfrak{Sin}\, a$	$\mathfrak{Tang}\, a$	$g k^2 = \frac{0{,}08852}{S_{(t)}}$	M_A (mt)	M_B (mt)	D_1
5	300	250	0,920	—	1,055	0,726	0,295	− 0,037	− 0,036	− 0,332
6	870	100	0,627	—	0,669	0,556	0,102	− 0,036	+ 0,031	− 0,138
7	920	125	0,806	—	0,896	0,667	0,096	+ 0,031	− 0,030	− 0,065
8	1120	150	1,066	—	1,280	0,788	0,079	− 0,030	− 0,030	− 0,109

---

[1] In dieser und den folgenden Tabellen einschließlich der Beanspruchung infolge der Achsialkraft S.

Stab	D_2	$\dfrac{D_1}{\operatorname{Tang}\alpha}$	$\dfrac{D_2}{\operatorname{Sin}\alpha}$	$C_2 \cdot S$	$\operatorname{Tang}\dfrac{x}{k}$	$\dfrac{1}{\operatorname{Cof}\dfrac{x}{k}}$	$D_1\dfrac{1}{\operatorname{Cof}\dfrac{x}{k}}$	$M_{\max/\min}$ (mt)	$\sigma_{\max/\min}$ (kg/cm²)	n^0
5	− 0,331	− 0,458	− 0,314	− 0,144	+ 0,434	0,901	− 0,299	− 0,004	29	—
6	− 0,071	− 0,248	− 0,106	− 0,142	(+ 1,030)	—	—	—	—	—
7	− 0,126	− 0,097	− 0,141	+ 0,044	(− 0,677)	—	—	—	—	—
8	− 0,109	− 0,138	− 0,085	− 0,053	+ 0,488	0,873	− 0,095	− 0,016	109	—

IIIb. Feldmomente der Holme bei dreifacher Last.

Stab	α	α^0	$\sin\alpha$	$\cotg\alpha$	gk^2	M_A (mt)	M_B (mt)	D_1	D_2
1	2,231	127° 49,7′	+ 0,790	− 0,776	0,369	+ 0,200	+ 0,075	− 0,169	− 0,294
2	3,084	176° 42,1′	+ 0,0575	− 17,359	0,142	+ 0,075	+ 0,113	− 0,067	+ 0,058
3	3,079	176° 24,8′	+ 0,0626	− 15,962	0,099	+ 0,113	+ 0,075	+ 0,014	− 0,024

Stab	$D_1 \cotg\alpha$	$\dfrac{D_2}{\sin\alpha}$	$C_2 \cdot S$	$\tg\dfrac{x}{k}$	$\dfrac{1}{\cos\dfrac{x}{k}}$	$D_1\dfrac{1}{\cos\dfrac{x}{k}}$	$M_{\max/\min}$ (mt)	$\sigma_{\max/\min}$ (kg/cm²)	n^0
1	+ 0,131	− 0,372	− 0,503	+ 2,972	+ 3,134	− 0,530	− 0,161	458	1,98
2	+ 1,163	+ 1,009	− 0,154	+ 2,298	+ 2,506	− 0,168	− 0,026	213	1,02
3	− 0,223	− 0,383	− 0,160	− 11,429	− 11,473	− 0,161	− 0,062	367	1,04

Stab	α	α^0	$\operatorname{Sin}\alpha$	$\operatorname{Tang}\alpha$	gk^2	M_A (mt)	M_B (mt)	D_1	D_2
5	1,593		2,358	0,921	0,295	− 0,112	− 0,116	− 0,407	− 0,411
6	1,086		1,312	0,795	0,102	− 0,116	+ 0,098	− 0,218	− 0,004
7	1,396		1,896	0,885	0,096	+ 0,098	− 0,096	+ 0,002	− 0,192
8	1,846		3,088	0,951	0,079	− 0,096	− 0,096	− 0,175	− 0,175

Stab	$\dfrac{D_1}{\operatorname{Tang}\alpha}$	$\dfrac{D_2}{\operatorname{Sin}\alpha}$	$C_2 \cdot S$	$\operatorname{Tang}\dfrac{x}{k}$	$\dfrac{1}{\operatorname{Cof}\dfrac{x}{k}}$	$D_1\dfrac{1}{\operatorname{Cof}\dfrac{x}{k}}$	$M_{\max/\min}$ (mt)	$\sigma_{\max/\min}$ (kg/cm²)	n^0
5	− 0,442	− 0,174		0,659	0,752	− 0,306	− 0,011	84	
6	− 0,274	− 0,003	− 0,271	(+ 1,24)	—	—	—	—	
7	+ 0,002	− 0,101	+ 0,103	(+ 51,5)	—	—	—	—	
8	− 0,184	− 0,057	− 0,127	0,726	0,688	− 0,120	− 0,041	− 315	

Die Momentenflächen des Ober- und des Unterholms[1]) für einfache und für dreifache Last sind nun in den Fig. 12, 13, 14, 15 dargestellt, in welchen auch die Momente, wie sie sich ohne Längskräfte (ohne Knickung) ergeben würden (vgl.

---

[1]) Da positive Momente des Unterholms nach Fig. 7 u. 8 denselben Drehsinn haben wie negative Momente des Oberholms, wurden, um einen besseren Überblick über die Momentenverteilung beider Holme zu ermöglichen, die nach der Rechnung sich ergebenden Vorzeichen der Momente des Unterholms in den Figuren umgedreht.

unter V), vermerkt sind.[1]) Man sieht, daß, während der Einfluß der Knickung bei einfacher Last nur einige Prozent beträgt, dieser Einfluß bei dreifacher Last verhältnismäßig stark anwächst, so daß die Momente stärker als auf das Dreifache wachsen. Die Berechnung der Momente ohne Längskräfte findet sich in Kapitel V.

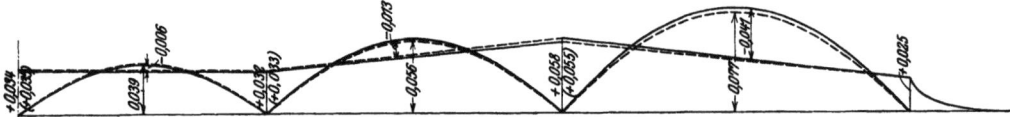

Fig. 12. Momente des Oberholms bei normaler Last.

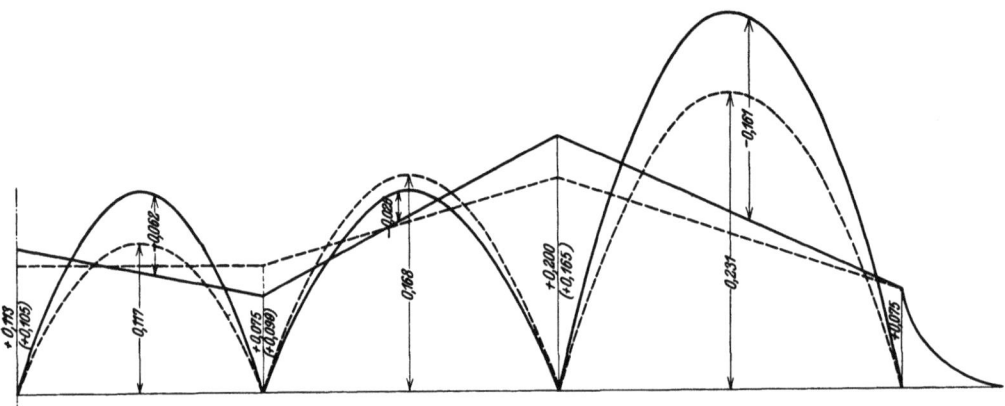

Fig. 13. Momente des Oberholms bei dreifacher Last.

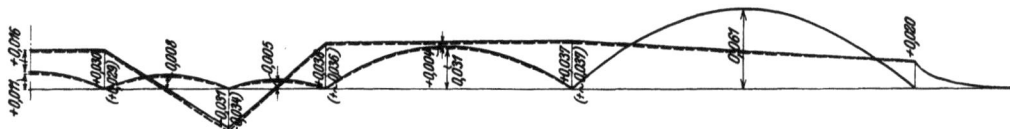

Fig. 14. Momente des Unterholms bei normaler Last.

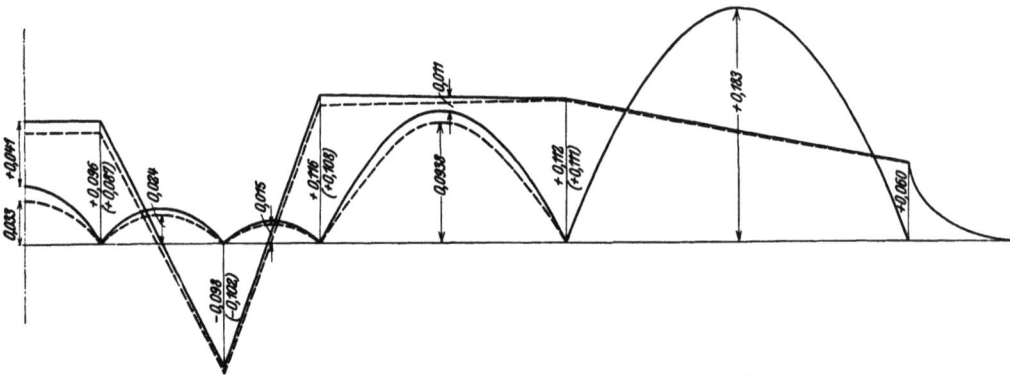

Fig. 15. Momente des Unterholms bei dreifacher Last.

---

[1]) In allen dargestellten Momentenflächen bezeichnen die ausgezogenen Linien die Momente mit Berücksichtigung der Längskräfte, die punktierten Linien die Momente ohne Knickung; die Zahlen geben die Momente in mt an.

IVa. Berechnung der Knotenmomente des Oberholms für 1,5faches EJ.

Die Trägheitsmomente J der Holme waren so gewählt, daß unter Voraussetzung gelenkiger Knoten in jedem Felde mindestens dreifache Knicksicherheit vorhanden war. Vergrößert man nun die Trägheitsmomente, so werden die Knotenmomente infolge der Durchbiegungen, da ja die Zwängung größer wird, größer, dagegen infolge der Knickung kleiner werden. Es ist lehrreich, dies für eine Vergrößerung der Trägheitsmomente um 50% zahlenmäßig zu verfolgen.

Stab	a_0	$a = \dfrac{a_0}{\sqrt{1,5}}$	a^0	$\sin a$	$\cos a$	$\cotg a$	$a \cotg a$	v'
1	1,335	1,090	62° 27,1′	0,887	0,462	0,522	0,569	+ 0,431
2	1,795	1,466	84° 0,3′	0,995	0,104	0,105	0,154	+ 0,846
3	1,782	1,456	83° 25,4′	0,993	0,115	0,115	0,167	+ 0,833

Stab	$\dfrac{a}{\sin a}$	v''	$\dfrac{1-\cos a}{a \sin a}$	v'''	$S \cdot s$ (mt)	ψ'	ψ''	$g \dfrac{s}{S}$	$g \dfrac{s}{S} v'''$
1	1,229	0,229	0,556	0,056	1,127	0,383	0,203	0,544	0,0305
2	1,474	0,474	0,614	0,114	2,376	0,356	0,200	0,190	0,0217
3	1,466	0,466	0,612	0,112	2,812	0,296	0,166	0,111	0,0124

Man erhält demnach folgende Gleichungen zur Bestimmung der Knotenmomente:

$$\overbrace{M_0}^{} \cdot 0{,}025 \cdot 0{,}203 + M_I (0{,}383 + 0{,}356) + M_{II} \cdot 0{,}200 = 0{,}0028 + 0{,}0305 + 0{,}0217$$

$$M_I \cdot 0{,}200 + M_{II} (0{,}356 + 0{,}296) + M_{III} \cdot 0{,}166 = 0{,}0059 + 0{,}0217 + 0{,}0124$$

$$M_{II} \cdot 2 \cdot 0{,}166 + M_{III} \cdot (2 \cdot 0{,}296) = 0{,}0088 + 2 \cdot 0{,}0124$$

Die Auflösung ergibt:

$$M_I = +\ 0{,}059\ \text{mt} \qquad M_{II} = +\ 0{,}0335\ \text{mt} \qquad M_{III} = +\ 0{,}038\ \text{mt}$$

Es zeigt sich also, daß die Knotenmomente in der Tat größer werden als bei normalem Trägheitsmoment; dagegen werden die Feldmomente kleiner, wie aus der folgenden Tabelle hervorgeht.

IVb. Berechnung der Feldmomente des Oberholms für 1,5faches EJ.

Stab	a_0	$a = \dfrac{a_0}{1{,}22474}$	a^0	$\sin a$	$\cotg a$	$g k^2$	M_A (mt)	M_B (mt)	D_1
1	1,288	1,052	60° 16,5′	0,868	0,571	0,5535	0,059	0,025	− 0,4945
2	1,780	1,454	83° 18,5′	0,993	0,117	0,213	0,0335	0,059	− 0,1795
3	1,777	1,451	83° 8,2′	0,993	0,120	0,1485	0,038	0,0335	− 0,1105

Stab	D_2	$D_1 \cot g\, \alpha$	$\dfrac{D_2}{\sin \alpha}$	$C_2 \cdot S$	$tg\, \dfrac{x}{k}$	$\dfrac{1}{\cos\dfrac{x}{k}}$	$\dfrac{D_1}{\cos\dfrac{x}{k}}$	$\dfrac{M_{max}}{m.n}$ (mt)
1	− 0,5285	− 0,282	− 0,609	− 0,327	+ 0,661	1,199	− 0,593	− 0,0395
2	− 0,154	− 0,021	− 0,155	− 0,134	+ 0,747	1,248	− 0,224	− 0,011
3	− 0,115	− 0,013	− 0,116	− 0,103	+ 0,932	1,368	− 0,151	− 0,0025

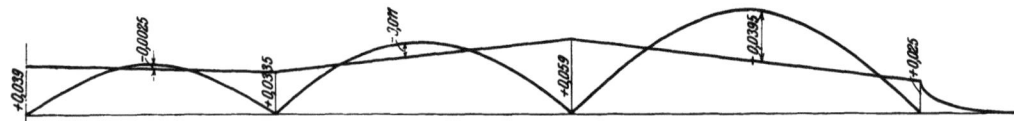

Fig. 16. Momente des Oberholms bei 1,5-fachem EJ.

Bei diesen Verhältnissen ergeben sich also, wie in Fig. 16 dargestellt, nur so geringe Änderungen gegenüber den Momenten bei normalem EJ, daß man den Einfluß einer Änderung der Steifigkeit des Holmes um 50% auf die Momente als unerheblich erklären kann. Die Spannungen jedoch werden natürlich erheblich kleiner.

V. Berechnung der Momente des Ober- und Unterholms ohne Berücksichtigung der Knickkräfte.

Die Clapeyronschen Gleichungen lauten:

$$M_{m-1} s_m + 2 M_m (s_m + s_{m+1}) + M_{m+1} s_{m+1} = 6 E J \cdot \Delta \vartheta_m + \frac{1}{4} g_m s_m^3 + \frac{1}{4} g_{m+1} s_{m+1}^3$$

Man erhält:

	Stab	s_m	$g\dfrac{s^2}{8} = \begin{Bmatrix}0{,}00625\\ \text{bzw. } 0{,}005\end{Bmatrix} \cdot s^2$	$g\dfrac{s^3}{4} = \begin{Bmatrix}0{,}0125\\ \text{bzw. } 0{,}01\end{Bmatrix} \cdot s^3$	$\Delta \vartheta_m$	$6 E J^{1)} \Delta \vartheta_m$ $= 13{,}278 \cdot \Delta \vartheta_m$
			Oberholm:			
$g = 0{,}050$ t/m	1	3,50	0,077	0,5359	0,0028	0,0372
	2	3,00	0,056	0,3375	0,0059	0,0784
	3	2,50	0,039	0,1953	0,0088	0,1169
			Unterholm:			
$g = 0{,}040$ t/m	4	3,50	0,061	0,42875	—	—
	5	2,50	0,031	0,15625	− 0,0010	− 0,0133
	6	1,00	0,005	0,0100	− 0,0107	− 0,1421
	7	1,25	0,008	0,0195	+ 0,0070	+ 0,0929
	8	1,50	0,011	0,03375	− 0,0083	− 0,1102

Es ergeben sich demnach folgende Gleichungen für die Momente:

Oberholm:

$3{,}50 \cdot \overbrace{+\, 0{,}025}^{M_0} + 2\,(3{,}50 + 3{,}00) \cdot M_I + 3{,}00\, M_{II} = 0{,}0372 + 0{,}5359 + 0{,}3375$

$3{,}00 \cdot M_I \quad\quad + 2\,(3{,}00 + 2{,}50)\, M_{II} + 2{,}50\, M_{III} = 0{,}0784 + 0{,}3375 + 0{,}1953$

$2{,}50 \cdot M_{II} \quad\quad + 2\,(2 \cdot 2{,}50) \quad\quad M_{III} + 2{,}50\, M_{II} = 0{,}1169 + 2 \cdot 0{,}1953$

---

[1] $6\, E J = 6 \cdot 1\,000\,000 \cdot 0{,}000002213 = 13{,}278$ tm².

Unterholm:

$3{,}50 \cdot \overbrace{-0{,}020}^{M_0} + 2\,(3{,}50 + 2{,}50)\,M_{IV} + 2{,}50 \cdot M_V = -0{,}0133 - 0{,}4287^5 - 0{,}1562^5$

$2{,}50\,M_{IV} \quad + 2 \cdot (2{,}50 + 1{,}00)\,M_V + 1{,}00 \cdot M_{VI} = -0{,}1421 - 0{,}1562^5 - 0{,}0100$

$1{,}00\,M_V \quad + 2 \cdot (1{,}00 + 1{,}25)\,M_{VI} + 1{,}25 \cdot M_{VII} = +0{,}0929 - 0{,}0100 - 0{,}0195$

$1{,}25\,M_{VI} \quad + 2 \cdot (1{,}25 + 1{,}50)\,M_{VII} + 1{,}50 \cdot M_{VII} = -0{,}1102 - 0{,}0195 - 0{,}0337^5$

Die Auflösung ergibt:

$M_I = +0{,}055$ mt $\qquad M_{IV} = -0{,}037$ mt

$M_{II} = +0{,}033$ „ $\qquad M_V = -0{,}036$ „

$M_{III} = +0{,}035$ „ $\qquad M_{VI} = +0{,}034$ „

$\qquad\qquad\qquad\qquad\quad M_{VII} = -0{,}029$ „

VI. Berechnung der Momente für $\Delta\vartheta_m = 0$, d. h. für vollkommen starre Diagonalen.

Wie schon oben bemerkt, ist aus dem Verschiebungsplan (Fig. 5) zu sehen, daß die mehr oder weniger große Dehnung der Diagonalen einen großen Einfluß auf die Durchbiegungen δ und damit auf die Biegungsmomente hat. Man erkennt dies genauer, wenn man einmal die Durchbiegungen Null setzt.

VIa. Knotenmomente.

Die Gleichungen lauten (nach S. 13):

Oberholm:

$0{,}332 \cdot \overbrace{0{,}025}^{M_0} + 1{,}196\,M_I + 0{,}354\,M_{II} = 0{,}0484 + 0{,}0377$

$0{,}354\,M_I \quad + 1{,}084\,M_{II} + 0{,}293\,M_{III} = 0{,}0377 + 0{,}0215$

$0{,}293\,M_{II} \quad + 0{,}491\,M_{III} \qquad = 0{,}0215$

Unterholm:

$0{,}881\,M_{IV} + 0{,}170\,M_V \qquad = -0{,}0270 - 0{,}0106$

$0{,}170\,M_{IV} + 0{,}500\,M_V + 0{,}072\,M_{VI} = -0{,}0106 - 0{,}0007$

$0{,}072\,M_V + 0{,}327\,M_{VI} + 0{,}088\,M_{VII} = -0{,}0007 - 0{,}0014$

$0{,}088\,M_{VI} + 0{,}491\,M_{VII} \qquad = -0{,}0014 - 0{,}0023$

Die Auflösung ergibt:

$M_I = +0{,}0565$ mt $\qquad M_{IV} = -0{,}041$ mt

$M_{II} = +0{,}029$ „ $\qquad M_V = -0{,}008$ „

$M_{III} = +0{,}026$ „ $\qquad M_{VI} = -0{,}003$ „

$\qquad\qquad\qquad\qquad\quad M_{VII} = -0{,}007$ „

VIb. Feldmomente:

Stab	a	a^0	$\sin a$	$\cotg a$	$g\,k^2$	M_A (mt)	M_B (mt)	D_1	D_2
1	1,288	73° 47,9′	+ 0,960	+ 0,291	0,369	0,056	0,025	− 0,312	− 0,344
2	1,780	101° 59,3′	+ 0,978	− 0,212	0,142	0,029	0,056	− 0,113	− 0,085
3	1,777	101° 48,9′	+ 0,979	− 0,209	0,099	0,026	0,029	− 0,073	− 0,070

Stab	$D_1 \cotg a$	$\dfrac{D_2}{\sin a}$	$C_2 \cdot S$	$\tg \dfrac{x}{k}$	$\dfrac{1}{\cos \dfrac{x}{k}}$	$\dfrac{D_1}{\cos \dfrac{x}{k}}$	$M \dfrac{\max}{\min}$ (mt)	$\sigma \dfrac{\max}{\min}$ (kg/cm²)
1	− 0,091	− 0,358	− 0,267	+ 0,854	+ 1,315	− 0,411	− 0,042	124
2	+ 0,024	− 0,087	− 0,111	+ 0,982	+ 1,402	− 0,159	− 0,017	91
3	+ 0,015	− 0,071	− 0,086	+ 1,185	+ 1,551	− 0,113	− 0,014	106

Stab	a	a^0	$\operatorname{Sin} a$	$\operatorname{Tang} a$	$g\,k^2$	M_A (mt)	M_B (mt)	D_1	D_2
5	0,920	—	1,055	0,726	0,295	− 0,041	− 0,008	− 0,336	− 0,303
6	0,627	—	0,669	0,556	0,102	− 0,008	− 0,003	− 0,110	− 0,105
7	0,806	—	0,896	0,667	0,096	− 0,003	− 0,007	− 0,099	− 0,103
8	1,066	—	1,280	0,788	0,079	− 0,007	− 0,007	− 0,086	− 0,086

Stab	$\dfrac{D_1}{\operatorname{Tang} a}$	$\dfrac{D_2}{\operatorname{Sin} a}$	$C_2 \cdot S$	$\operatorname{Tang} \dfrac{x}{k}$	$\dfrac{1}{\operatorname{Cos} \dfrac{x}{k}}$	$\dfrac{D_1}{\operatorname{Cos} \dfrac{x}{k}}$	$M \dfrac{\max}{\min}$ (mt)	$\sigma \dfrac{\max}{\min}$ (kg/cm²)
3	− 0,463	− 0,287	− 0,176	+ 0,524	0,852	− 0,286	+ 0,009	41
6	− 0,198	− 0,149	− 0,049	+ 0,445	0,896	− 0,099	+ 0,003	63
7	− 0,148	− 0,115	− 0,033	+ 0,333	0,943	− 0,093	+ 0,003	66
8	− 0,109	− 0,067	− 0,042	+ 0,488	0,873	− 0,076	+ 0,003	79

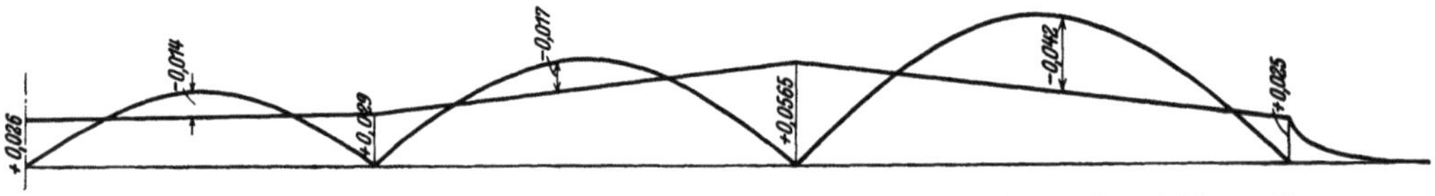

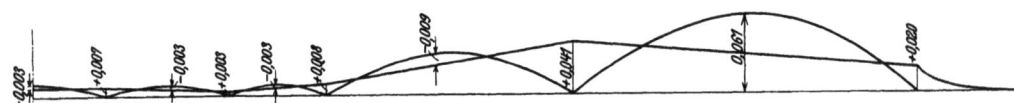

Fig. 17. Momente des Oberholms für vollkommen starre Diagonalen ($\Delta\vartheta_m = 0$).

Fig. 18. Momente des Unterholms für vollkommen starre Diagonalen ($\Delta\vartheta_m = 0$).

Die hiernach gezeichneten Momentenflächen (Fig. 17, 18) zeigen, daß besonders der Untergurt empfindlich gegen die Längung der Diagonalen ist, und zwar derjenigen Diagonalen (12 und 15), die an den Knotenpunkten der kurzen Feldweiten angreifen. Dehnbare Kabel geben eben große Winkeländerungen $\Delta\vartheta$, und diese verursachen um so stärkere Zwängung, je kürzer die Felder sind.

VII. Beanspruchungen in den Knoten.

Aus den Momentenflächen lassen sich nun durch Zusammenwirkung von Längskraft S und Biegungsmoment M die Spannungen $\sigma = \dfrac{S}{F} + \dfrac{M}{W}$ an jedem Punkt der Holme berechnen, wie sie für eine Reihe von Punkten in den folgenden Tabellen berechnet und in den Fig. 19, 20, 21, 22 veranschaulicht sind.

Da nach S. 8 in den Knoten $\begin{cases} F' = 18,0 \text{ cm}^2 \\ W' = 44,23 \text{ cm}^3 \end{cases}$, erhält man folgende Werte für die Beanspruchung in kg/cm² (+ Zug, − Druck; die fett gedruckten Zahlen bezeichnen die höchsten überhaupt auftretenden Holmbeanspruchungen, die eingeklammerten Werte die nicht in Betracht kommenden Randspannungen der unmittelbar links und rechts vom Knoten liegenden Querschnitte).

Normale Last:

Knoten	$\sigma_B = \pm \dfrac{M}{W'}$	$\sigma^{\text{links}} = \dfrac{S_{\text{links}}}{F'}$	$\sigma^{\text{rechts}} = \dfrac{S_{\text{rechts}}}{F'}$	$\sigma_{\max}^{\text{links}}$	$\sigma_{\max}^{\text{rechts}}$
0	$\pm \dfrac{2500}{44,23} = \pm 57$	$-\dfrac{300}{18,0} = -17$	0	-74 $(+40)$	± 57
I	$\pm \dfrac{5800}{44,23} = \pm 131$	$-\dfrac{780}{18,0} = -43$	-17	-174 $(+88)$	-148 $(+114)$
II	$\pm \dfrac{3200}{44,23} = \pm 73$	$-\dfrac{1120}{18,0} = -62$	-43	-135 $(+11)$	-116 $(+30)$
III	$\pm \dfrac{3400}{44,23} = \pm 77$	$-\dfrac{1120}{18,0} = -62$	-62	-139 $(+15)$	-139 $(+15)$
0'	$\pm \dfrac{2000}{44,23} = \pm 45$	0	0	± 45	± 45
IV	$\pm \dfrac{3700}{44,23} = \pm 84$	$+\dfrac{300}{18,0} = +17$	0	$+101$ (-67)	± 84
V	$\pm \dfrac{3600}{44,23} = \pm 81$	$+\dfrac{870}{18,0} = +48$	$+17$	$+129$ (-33)	$+98$ (-64)
VI	$\pm \dfrac{3100}{44,23} = \pm 70$	$+\dfrac{920}{18,0} = +51$	$+48$	$+121$ (-19)	$+118$ (-22)
VII	$\pm \dfrac{3000}{44,23} = \pm 68$	$+\dfrac{1120}{18,0} = +62$	$+51$	$+130$ (-6)	$+119$ (-17)

Dreifache Last:

Knoten	$\sigma_B = \pm \dfrac{M}{W'}$	$\sigma^{\text{links}} = \dfrac{S_{\text{links}}}{F'}$	$\sigma^{\text{rechts}} = \dfrac{S_{\text{rechts}}}{F'}$	$\sigma_{\max}^{\text{links}}$	$\sigma_{\max}^{\text{rechts}}$	m[1] links	m[1] rechts
0	$\pm \dfrac{3 \cdot 2500}{44,23} = \pm 170$	$-\dfrac{3 \cdot 300}{18,0} = -50$	-0	-220 $(+120)$	± 170	3,0	
I	$\pm \dfrac{20\,000}{44,23} = \pm 452$	$-\dfrac{3 \cdot 780}{18,0} = -130$	-50	-582 $(+322)$	-502 $(+402)$	3,35	3,39
II	$\pm \dfrac{7500}{44,23} = \pm 170$	$-\dfrac{3 \cdot 1120}{18,0} = -185$	-130	-355 (-15)	-300 $(+40)$	2,63	2,59
III	$\pm \dfrac{11\,300}{44,23} = \pm 258$	$-\dfrac{3 \cdot 1120}{18,0} = -185$	-185	-443 $(+73)$	-443 $(+73)$	3,19	3,19
0'	$\pm \dfrac{3 \cdot 2000}{44,23} = \pm 136$	0	0	± 136	± 136	3,0	
IV	$\pm \dfrac{11\,200}{44,23} = \pm 253$	$+\dfrac{3 \cdot 300}{18,0} = +50$	0	$+303$ (-203)	± 253	$\sim 3,0$	
V	$\pm \dfrac{11\,600}{44,23} = \pm 262$	$+\dfrac{3 \cdot 870}{18,0} = +145$	$+50$	$+407$ (-117)	$+312$ (-212)	3,15	3,19
VI	$\pm \dfrac{9800}{44,23} = \pm 222$	$+\dfrac{3 \cdot 920}{18,0} = +153$	$+145$	$+375$ (-69)	$+367$ (-77)	3,10	3,11
VII	$\pm \dfrac{9600}{44,23} = \pm 217$	$+\dfrac{3 \cdot 1120}{18,0} = +185$	$+153$	$+402$ (-32)	$+370$ (-64)	3,09	3,11

[1] $m = \dfrac{\sigma_{\text{dreifache Last}}}{\sigma_{\text{normale Last}}}$.

Diese Spannungsverteilung wurde in den folgenden Fig. 19, 20, 21, 22 aufgetragen.

Fig. 19. Gesamtbeanspruchungen des Oberholms bei normaler Last in kg/cm².

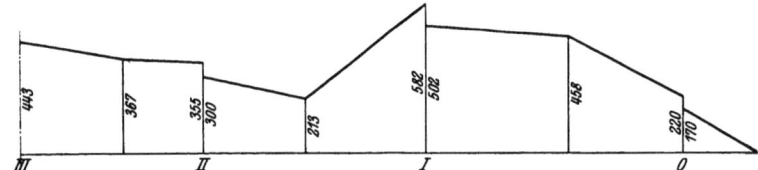

Fig. 20. Gesamtbeanspruchungen des Oberholms bei dreifacher Last in kg/cm².

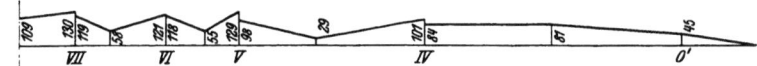

Fig. 21. Gesamtbeanspruchungen des Unterholms bei normaler Last in kg/cm².

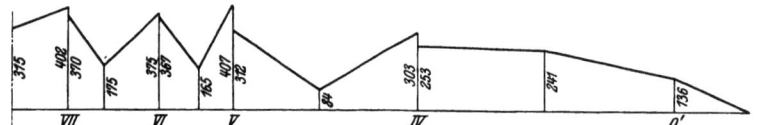

Fig. 22. Gesamtbeanspruchungen des Unterholms bei dreifacher Last in kg/cm².

Wie schon früher bemerkt, wachsen infolge der Knickungsbiegung die Spannungen nicht proportional mit den Belastungen. In diesem Beispiel zeigt sich dies besonders in den Knotenpunkten I, III und V. So tritt z. B. in Punkt I ein Anwachsen der Spannung auf das 3,4-fache ein. Man wird also, wenn man z. B. wirkliche 4-fache Sicherheit haben will, die zulässige Spannung um etwa 15% ermäßigen müssen. Übrigens haben die Verf. auch andere Fälle (größerer Spannweite) durchgerechnet, bei denen das Anwachsen der Spannung über den proportionalen Betrag erheblich höher (auf 4,5) war. Man verabsäume also gerade bei größeren Systemen nicht, diesen Einfluß der Knickungsbiegung zu verfolgen, noch besser für ein weiteres Vielfaches der Last, etwa noch das Vierfache.

VIII. Knicksicherheit des Oberholms als Ganzes.

Die Trägheitsmomente des Oberholms waren zunächst unter Voraussetzung gelenkiger Knoten in jedem Felde mit mindestens dreifacher Knicksicherheit gerechnet, die so klein zugelassen wurde, weil mit der günstigen Wirkung des biegungsfesten Durchlaufens der Holme über die Knotenpunkte gerechnet wurde. Es entsteht die Frage, wie groß die Knicksicherheit nun bei genauerer Rechnung sich herausstellt.

Ist in jedem Felde gleiche Knicksicherheit vorhanden, so wird beim Ausknicken eine Biegungslinie mit Wendepunkten, also verschwindenden Momenten an jedem Knoten auftreten. Bei verschiedenen Knicksicherheiten dagegen werden nicht grade an jedem Knotenpunkt Wendepunkte der Biegungslinie eintreten, vielmehr dürfen nicht alle Knotenmomente verschwinden.

Bei nicht gleicher Knickfestigkeit aller Felder wird das Ausknicken vielmehr erst eintreten, wenn die Gleichungen der Biegungslinien und damit auch die erweiterten Clapeyronschen Gleichungen (S. 11) auch dann eine von Null verschiedene Lösung haben, also auch dann Biegungsmomente über den Knoten ergeben, wenn keine Querbelastung und keine Durchbiegungen vorhanden sind. Die Gleichungen lauten dann:

$$\underline{M_0 \psi_1''} + M_I (\psi_1' + \psi_2') + M_{II} \psi_2'' \qquad\qquad = 0$$
$$= 0 \quad M_{II} \psi_2'' \qquad + M_{II}(\psi_2' + \psi_3') + M_{III}\psi_3'' = 0$$
$$M_{II}(2\psi_3'') \qquad + M_{III}(2\psi_3') = 0$$

Sie ergeben dann eine von Null verschiedene Lösung für die Knotenmomente M, wenn die Nennerdeterminante verschwindet. Diese lautet bekanntlich:

$$\frac{1}{2} D = \begin{vmatrix} \psi_1' + \psi_2' & \psi_2'' & 0 \\ \psi_2'' & \psi_2' + \psi_3' & \psi_3'' \\ 0 & \psi_3'' & \psi_3' \end{vmatrix} = (\psi_1' + \psi_2') \cdot [(\psi_2' + \psi_3') \psi_3' - \psi_3''^2] - \psi_3' \psi_2''^2.$$

Bezeichnet man mit n den Vervielfachungsfaktor der Belastung, so sind die Werte ψ und damit auch die Determinante D Funktionen von n. Es ist dann dasjenige n zu suchen, für welches D = 0 wird. Man findet dieses n durch Probieren sehr schnell.

Hier ist z. B. D für n = 3 und für n = 4 berechnet worden. Zufällig liegt der Punkt D = 0 schon ganz dicht bei n = 4. Wäre dies nicht der Fall, so hätte man durch die Punkte n = 3 und n = 4, n = 5 eine Kurve legen und deren Schnittpunkt mit der n-Achse bestimmen können.

a) Dreifache Last:

$\psi_1' = 0{,}922; \quad \psi_1'' = 0{,}632 \qquad \frac{1}{2} D = 14{,}450 \, [19{,}130 \cdot 5{,}602 - 5{,}376^2]$

$\psi_2' = 13{,}528; \quad \psi_2'' = 13{,}239 \qquad\qquad - 5{,}602 \cdot 13{,}239^2$

$\psi_3' = 5{,}602; \quad \psi_3'' = 5{,}376 \qquad D = +\,298{,}12$

b) Vierfache Last:

α	α^0	$\sin \alpha$	$\cotg \alpha$	$\alpha \cotg \alpha$	ν'	$\dfrac{\alpha}{\sin \alpha}$	ν''	$\begin{array}{c}S \cdot s\\(mt)\end{array}$	ψ'	ψ''
2,670	152° 58,6'	+0,457	−1,961	−5,236	+6,236	+5,842	+4,842	4,508	+1,383	+1,074
3,590	205° 41,4'	−0,433	+2,079	+7,463	−6,463	−8,291	−9,291	9,504	−0,681	−0,978
3,564	204° 12,4'	−0,410	+2,224	+7,926	−6,926	−8,693	−9,693	11,250	−0,616	−0,862

$$\frac{1}{2} D = 0{,}702 \cdot [+\,1{,}297 \cdot 0{,}616 - 0{,}862^2] + 0{,}616 \cdot 0{,}978^2$$

$$D = +\,1{,}256.$$

Es zeigt sich also, daß die Kontinuität des Holmes in diesem Falle die Knicksicherheit von 3 auf 4 steigert.

IX. Biegungsmomente der Holme infolge exzentrischen Anschlusses der Diagonalen.

In der vorhergehenden Rechnung war vorausgesetzt, daß die Diagonalen zentrisch an die Holme angeschlossen sind. Aus konstruktiven Gründen wird dies jedoch oft nicht der Fall sein, vielmehr wird das System die in Fig. 23 dargestellte Anordnung zeigen, und deshalb soll im folgenden der Einfluß eines exzentrischen Anschlusses der Diagonalen auf die Biegungsmomente der Holme untersucht werden.

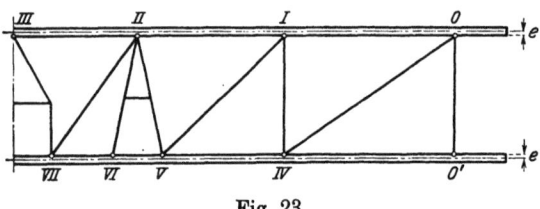

Fig. 23. Fig. 24.

a) **Oberholm:**

Da von dem angrenzenden Felde erstens das innere Biegungsmoment M_m übertragen wird und zweitens das Moment $S_m e$ der in dem betrachteten Felde herrschenden Längskraft infolge der Exzentrizität entsteht, erhält man nach Fig. 24:

$$M_A = M_m - S_m \cdot e$$
$$M_B = M_{m-1} - S_m \cdot e$$

In den Clapeyronschen Gleichungen ist demnach statt der Momente M_m der Wert $M_m - S_m \cdot e$ zu setzen und man erhält daher, wenn man zunächst den Einfluß der Knickung unberücksichtigt läßt und die Exzentrizität überall gleich e annimmt, folgende Gleichungen zur Bestimmung der Knotenmomente infolge der Exzentrizität allein:

$$M_{m-1} s_m + 2 M_m (s_m + s_{m+1}) + M_{m+1} s_{m+1} = e[S_m (2 s_m + s_m) + S_{m+1} (2 s_{m+1} + s_{m+1})]$$
$$= 3 e [S_m s_m + S_{m+1} s_{m+1}]$$

Da die Werte $S_m s_m$ bereits S. 12 berechnet sind, erhält man:

$$2 M_I (3{,}50 + 3{,}00) + M_{II} \cdot 3{,}00 = 3 e (1{,}127 + 2{,}376)$$
$$M_I \cdot 3{,}00 + 2 M_{II} (3{,}00 + 2{,}50) + M_{III} \cdot 2{,}50 = 3 e (2{,}376 + 2{,}8125)$$
$$M_{II} \cdot 2{,}50 + 2 M_{III} \cdot 2 \cdot 2{,}50 = 3 e \cdot 2 \cdot 2{,}8125$$

oder:

$$13{,}0 M_I + 3{,}0 M_{II} = e \cdot 10{,}509$$
$$3{,}0 M_I + 11{,}0 M_{II} + 2{,}5 M_{III} = e \cdot 15{,}5655$$
$$2{,}5 M_{II} + 5{,}0 M_{III} + = e \cdot 8{,}4375$$

Die Auflösung ergibt:

$$\mathbf{M_I = + e \cdot 0{,}581 \ mt; \quad M_{II} = + e \cdot 0{,}985 \ mt; \quad M_{III} = + e \cdot 1{,}195 \ mt.}$$

(Hierin ist e, um die Momente in mt zu erhalten, in m einzusetzen.)

b) **Unterholm:**

Nach Fig. 25 wird:

$$M_A = M_{m-1} + S_m \cdot e$$
$$M_B = M_m + S_m \cdot e$$

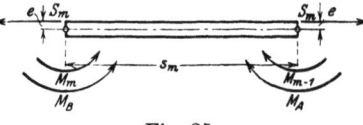

Fig. 25.

Ohne Berücksichtigung der Knickung erhält man demnach folgende allgemeine Gleichung zur Bestimmung der allein durch die Exzentrizität hervorgerufenen Momente:

$$M_{m-1} s_m + 2 M_m (s_m + s_{m+1}) + M_{m+1} s_{m+1} = -e[S_m(2s_m + s_m) + S_{m+1}(2s_{m+1} + s_{m+1})]$$
$$= -3e[S_m s_m + S_{m+1} s_{m+1}]$$

Nach S. 13 ergibt sich demnach, da $M_{VII} = M_{VIII}$, $S_4 = 0$:

$$2 M_{IV}(3,50 + 2,50) + M_V \cdot 2,50 = -3e \cdot (\quad + 0,805)$$
$$M_{IV} \cdot 2,50 + 2 M_V(2,50 + 1,00) + M_{VI} \cdot 1,00 = -3e \cdot (0,805 + 0,862)$$
$$M_V \cdot 1,00 + 2 M_{VI}(1,00 + 1,25) + M_{VII} \cdot 1,25 = -3e \cdot (0,862 + 1,1125)$$
$$M_{VI} \cdot 1,25 + 2 M_{VII}(1,25 + 1,50) + M_{VIII} \cdot 1,50 = -3e \cdot (1,1125 + 1,6875)$$

oder:

$$12,0 M_{IV} + 2,5 M_V \qquad\qquad = -e \cdot 2,4150$$
$$2,5 M_{IV} + 7,0 M_V + 1,0 M_{VI} \qquad = -e \cdot 5,0001$$
$$1,0 M_V + 4,5 M_{VI} + 1,25 M_{VII} = -e \cdot 5,9235$$
$$1,25 M_{VI} + 7,0 M_{VII} \qquad\qquad = -e \cdot 8,4000$$

Die Auflösung ergibt:

$M_{IV} = -e \cdot 0{,}085$ mt; $M_{VI} = -e \cdot 0{,}904$ mt
$M_V = -e \cdot 0{,}556$ mt; $M_{VII} = -e \cdot 1{,}039$ mt.

Bisher war der Einfluß der Knickung bei Berechnung der Momente infolge der exzentrischen Anschlüsse unberücksichtigt geblieben. Will man auch diesen berücksichtigen, so ergeben sich zur Bestimmung der Knotenmomente folgende erweiterte Clapeyronsche Gleichungen.

a) Oberholm:

$$M_{m-1} \psi''_m + M_m(\psi'_m + \psi''_m) + M_{m+1} \psi''_{m+1} = +e[S_m(\psi'_m + \psi''_m) + S_{m+1}(\psi'_{m+1} + \psi''_{m+1})].$$

Die Werte $S_m(\psi'_m + \psi''_m)$ gibt folgende Tabelle: (vgl. S. 12.)

Stab	ψ'_m	ψ''_m	$\psi'_m + \psi''_m$	S_m (t)	$S_m(\psi'_m + \psi''_m)$
1	0,603	0,332	0,935	0,322	0,3011
2	0,593	0,354	0,947	0,792	0,7500
3	0,491	0,293	0,784	1,125	0,8820

Man erhält somit folgende Gleichungen zur Bestimmung der allein durch die Exzentrizität e hervorgerufenen Knotenmomente:

$$M_I \cdot (0,603 + 0,593) + M_{II} \cdot 0,354 = +e(0,3011 + 0,7500)$$
$$M_I \cdot 0,354 + M_{II}(0,593 + 0,491) + M_{III} \cdot 0,293 = +e(0,7500 + 0,8820)$$
$$M_{II} \cdot 2 \cdot 0,293 + M_{III} \cdot 2 \cdot 0,491 \qquad = +e \cdot 2 \cdot 0,8820$$

Die Auflösung ergibt folgende Werte:

$M_I = +e \cdot 0{,}587$ mt; $M_{II} = +e \cdot 0{,}988$ mt; $M_{III} = +e \cdot 1{,}207$ mt.

b) Unterholm:

Es gelten folgende allgemeine Gleichungen zur Bestimmung der durch die Exzentrizität allein hervorgerufenen Knotenmomente:

$$M_{m-1} \psi''_m + M_m(\psi'_m + \psi'_{m+1}) + M_{m+1} \psi''_{m+1} = -e[S_m(\psi_m + \psi''_m) + S_{m+1}(\psi'_{m+1} + \psi''_{m+1})].$$

Die Werte $S_m(\psi'_m + \psi''_m)$ sind in folgender Tabelle zusammengestellt (vgl. S. 13):

Stab	ψ'_m	ψ''_m	$\psi'_m + \psi''_m$	S_m (t)	$S_m(\psi'_m + \psi''_m)$
5	0,354	0,170	0,524	0,322	0,1687
6	0,146	0,072	0,218	0,862	0,1879
7	0,181	0,088	0,269	0,890	0,2394
8	0,210	0,100	0,310	1,125	0,3487[5]

Demnach ergibt sich, da: $M_{VII} = M_{VIII}$:

$$M_{IV}(0{,}527 + 0{,}354) + M_V \cdot 0{,}170 = -e \cdot (0{,}1687)$$
$$M_{IV} \cdot 0{,}170 + M_V(0{,}354 + 0{,}146) + M_{VI} \cdot 0{,}072 = -e \cdot (0{,}1687 + 0{,}1879)$$
$$M_V \cdot 0{,}072 + M_{VI}(0{,}146 + 0{,}181) + M_{VII} \cdot 0{,}088 = -e \cdot (0{,}1879 + 0{,}2394)$$
$$M_{VI} \cdot 0{,}088 + M_{VII}(0{,}181 + 0{,}210 + 0{,}100) = -e \cdot (0{,}2394 + 0{,}34875)$$

oder:

$$0{,}881\, M_{IV} + 0{,}170\, M_V = -e \cdot 0{,}1687$$
$$0{,}170\, M_{IV} + 0{,}500\, M_V + 0{,}072\, M_{VI} = -e \cdot 0{,}3566$$
$$0{,}072\, M_V + 0{,}327\, M_{VI} + 0{,}088\, M_{VII} = -e \cdot 0{,}4273$$
$$0{,}088\, M_{VI} + 0{,}491\, M_{VII} = -e \cdot 0{,}58815$$

Die Auflösung zeigt folgende Werte:

$$M_{IV} = -e \cdot 0{,}084\,\text{mt}; \qquad M_{VI} = -e \cdot 0{,}907\,\text{mt}$$
$$M_V = -e \cdot 0{,}559\,\text{mt}; \qquad M_{VII} = -e \cdot 1{,}035\,\text{mt}.$$

Bei einer Berechnung der maximalen Feldmomente nach der früher verwandten Methode, die wir hier nicht mitteilen, zeigt sich, daß auf diese die Exzentrizität wenig Einfluß hat. Dies hat seinen Grund einerseits darin, daß sich die Stelle des gefährlichen Querschnitts infolge der Exzentrizität nur wenig verschiebt, andererseits in der besonderen Form der in Fig. 26 und 27 dargestellten Momentenfläche, aus der hervorgeht, daß in der Nähe des gefährlichen Querschnitts überhaupt nur absolut kleine Momente infolge der Exzentrizität auftreten.

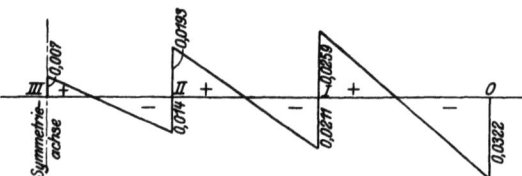

Fig. 26. Momente des Oberholms infolge einer Exzentrizität der Knoten von 0,1 m (in mt).

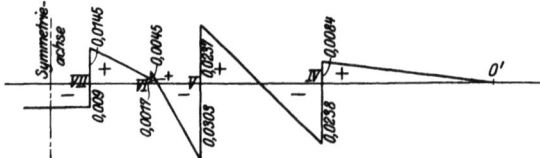

Fig. 27. Momente des Unterholms infolge einer Exzentrizität der Knoten von 0,1 m (in mt).

Gleichzeitig beweist die vorstehende Rechnung, daß die Knickung nur einen sehr geringen, praktisch ganz verschwindenden Einfluß auf die infolge der Exzentrizität hervorgerufenen Momente besitzt, und daß es daher vollkommen genügt, diese nach den einfachen Clapeyronschen Gleichungen zu bestimmen.

In Fig. 26 und 27 sind die durch eine Exzentrizität von 0,1 m allein entstehenden Momente graphisch veranschaulicht. In den Knoten selbst wurden die Differenzen zwischen den inneren Knotenmomenten M_m, welche keine mechanische, sondern nur rechnerische Bedeutung haben, und den durch die Längskräfte hervorgerufenen Momenten $S_m \cdot e$ bzw. $S_{m+1} \cdot e$ nach folgender Tabelle aufgetragen:

Oberholm:

Knoten	M_m	$S_m \cdot e$	$S_{m+1} \cdot e$	$M_m - S_m \cdot e$	$M_m - S_{m+1} \cdot e$
I	+ 0,0581	+ 0,0322	+ 0,0792	+ 0,0259	− 0,0211
II	+ 0,0985	+ 0,0792	+ 0,1125	+ 0,0193	− 0,0140
III	+ 0,1195	+ 0,1125	+ 0,1125	+ 0,007	+ 0,007

Unterholm:

Knoten	M_m	$S_m \cdot e$	$S_{m+1} \cdot e$	$M_m + S_m \cdot e$	$M_m + S_{m+1} \cdot e$
IV	− 0,0084	0	+ 0,0322	− 0,0084[1])	+ 0,0238
V	− 0,0559	+ 0,0322	+ 0,0862	− 0,0237	+ 0,0303
VI	− 0,0907	+ 0,0862	+ 0,0890	− 0,0045	− 0,0017
VII	− 0,1035	+ 0,0890	+ 0,1125	− 0,0145	+ 0,0090

Die Knotenpunkte I (der zweite von außen im Obergurt) und V (der dritte von außen im Untergurt) erfahren die größten Biegungsmomente, z. B. $\dfrac{0,0259}{2}$ mt und $\dfrac{0,0303}{2}$ mt für 5 cm Exzentrizität. Ein Vergleich mit der Momentenfläche normaler Last bei zentrischen Knotenanschlüssen Fig. 12 läßt erkennen, daß die Biegungsmomente durch die konstruktiv wahrscheinliche Exzentrizität von 5 cm um 22,5 % bzw. 40 % vergrößert werden. Die Gesamtspannungen (Tabelle S. 23) wachsen dann um 17 % bzw. 25 %. Die Zusatzspannungen infolge exzentrischer Anschlüsse sind also wohl zu beachten und es lohnt sich durchaus, die Konstruktion der Kabelanschlüsse so einzurichten, daß der Schnittpunkt von Kabel und Vertikale nahe an der Holmachse liegen. Die in letzter Zeit üblichen Glockenkonstruktionen der Knotenpunkte lassen dies Bestreben vermissen.

Untersuchung zweier Eindecker von verschiedener Bauhöhe.

Im folgenden sollen zwei Eindecker der gleichen Spannweite von 16 m und der gleichen Knicksicherheit, deren Systemhöhen jedoch verschieden — 2,00 m bzw. 1,50 m — sind, untersucht werden, und zwar in derselben Weise wie vorstehend. Als Belastung wird für beide Systeme eingeführt: Gesamtlast etwa 1200 kg, davon $^3/_4 = 900$ kg auf die hintere Holmtragwand und demnach

gleichmäßig verteilte Luftkräfte . . . . 55 kg/m
„ „ Gewichte . . . . −5 „
Knotenpunktsgewichte gleichwertig mit . . . . . −5 „
wirksame Belastung . . . . 45 kg/m

---

[1]) Vgl. Anm. S. 17.

A. System von 2,0 m Höhe.

I. Berechnung der Spannkräfte und der Winkeländerungen unter Voraussetzung gelenkiger Knotenpunkte.

Unter den obigen Annahmen ergeben sich die in Fig. 28 angegebenen Knotenpunktsbelastungen und aus diesen die folgenden Spannkräfte:

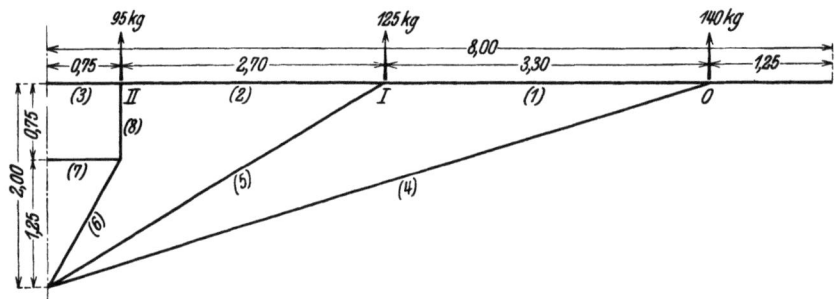

Fig. 28. Belastungsschema des Eindeckers von 2,00 m Systemhöhe.

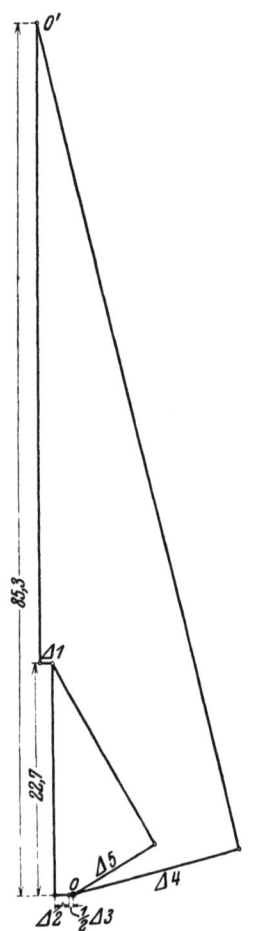

Fig. 29. Verschiebungsplan.

$$S_1 = 140 \cdot \frac{6{,}75}{2{,}00} = -\sim 475 \text{ kg}$$

$$S_2 = S_3 = -\frac{140 \cdot 6{,}75 + 125 \cdot 3{,}45}{2{,}00} = -690 \text{ kg}$$

$$S_4 = +140 \cdot \frac{\sqrt{6{,}75^2 + 2{,}00^2}}{2{,}00} = +495 \text{ kg}$$

$$S_5 = +125 \cdot \frac{\sqrt{3{,}45^2 + 2{,}00^2}}{2{,}00} = +250 \text{ kg}$$

Für den Querschnitt des Holms werde gewählt:

das Trägheitsmoment in bezug auf die wagerechte Achse $J_x = 172{,}1$ cm^4

in bezug auf die senkrechte Achse $J_y = 47{,}4$ cm^4;

der Flächeninhalt $F = 12{,}4$ cm^2,

das Widerstandsmoment $W = 34{,}4$ cm^3;

der Elastizitätsmodul $E = 100\,000$ kg/qcm (Holz);

$$\sqrt{EJ} = \sqrt{100\,000 \cdot 172{,}1} = 4148{,}5.$$

In den Knoten wird der Querschnitt beiderseits verstärkt, so daß:

$$W' = 41{,}09 \text{ cm}^3$$
$$F' = 16{,}44 \text{ cm}^2.$$

Die mitgeteilten Werte entsprechen einem hohlen Holzquerschnitt von 100 mm Höhe und 50 mm Breite, der für jedes Feld eine dreifache Knicksicherheit besitzt $\left(\pi^2 \dfrac{EJ}{S s^2} = 3\right)$.

Für die Längenänderungen der Stäbe des Holms erhält man demnach:

Stab	S_0 (kg)	$\sigma_0 = \dfrac{S_0}{12{,}44}$ (kg/cm²)	s (cm)	$\Delta s_0 = \dfrac{\sigma_0 \cdot s}{E}$ (cm)
1	475	38,2	330	0,13
2	690	55,5	270	0,15
3	690	55,5	150	0,08

und für die Diagonalen, wenn mit einer Beanspruchung von 2000 kg/cm² für beide Diagonalen gerechnet wird:

$$\Delta s = \frac{\sigma_0}{E} \cdot s = \frac{2000}{800\,000} \cdot s = \frac{1}{400} s$$

$$\Delta s_4 = \frac{1}{400} \cdot 704{,}0 = 1{,}76 \text{ cm}$$

$$\Delta s_5 = \frac{1}{400} \cdot 398{,}8 = 0{,}972 \text{ cm}.$$

Der in Fig. 29 dargestellte Verschiebungsplan liefert die Verschiebungen in vertikaler Richtung:

$$\delta_0 = 85{,}3 \text{ mm}; \qquad \delta_\mathrm{I} = 22{,}7 \text{ mm}$$

und somit folgende Winkeländerungen $\Delta\vartheta$ zwischen den Stäben des zunächst gelenkig betrachteten Holmes.

Knoten	δ_m (mm)	$\delta_{m-1} - \delta_m$ (mm)	l_m (mm)	$\dfrac{\delta_{m-1} - \delta_m}{l_m}$	$\Delta\vartheta_m$
0	85,3				
I	22,7	62,6	3300	0,01897	+ 0,01056
II	0	22,7	2700	0,00841	+ 0,00841
II'	0	0	1500	0	

II.—III. Untersuchung für normale und dreifache Last und für einen über die ganze Spannweite biegungsfest durchlaufenden sowie für einen am Rumpf gelenkig befestigten Holm.

Die Berechnung wird wieder nach den S. 10, 11, 12 angegebenen allgemeinen Formeln durchgeführt; man erhält für die Knoten- und Feldmomente die in den folgenden Tabellen zusammengestellten Werte:

IIa. Berechnung der Knotenmomente für normale Last.

Stab	S_0 (kg)	s (cm)	$a_0 = \dfrac{s\sqrt{S_0}}{4148{,}5}$	α^0	$\sin\alpha$	$\cos\alpha$	$\cotg\alpha$	$a \cotg\alpha$	ν'
1	475	330	1,734	99° 21'	0,987	− 0,162	− 0,165	− 0,286	1,286
2	690	270	1,709	97° 55,2'	0,990	− 0,138	− 0,139	− 0,238	1,238
3	690	150	0,950	54° 25,9'	0,813	+ 0,582	+ 0,715	+ 0,679	0,321

Stab	$\dfrac{\alpha}{\sin \alpha}$	ν''	$\dfrac{1-\cos\alpha}{\alpha \sin \alpha}$	ν'''	$S \cdot s$ (mt)	ψ'	ψ''	$g\dfrac{s}{S}$	$g\dfrac{s}{S}\cdot \nu'''$
1	1,757	0,757	0,679	0,179	1,567	0,820	0,483	0,347	0,0621
2	1,726	0,726	0,673	0,173	1,863	0,664	0.390	0,196	0,0339
3	1,169	0,169	0,542	0,042	1,035	0,310	0,163	0,109	0,0046

Man gewinnt daraus folgende Gleichungen (die Glieder bzw. Gleichungen, welche bei gelenkig angesetztem Holm fortfallen, sind eingeklammert):

$$M_0 = +\,0{,}050 \cdot \frac{1{,}25^2}{2} = +\,0{,}0391\ \text{mt}$$

$$0{,}483 \cdot 0{,}0391 + (0{,}820 + 0{,}664)\,M_I\,(+\,0{,}390\,M_{II}) = 0{,}01056 + 0{,}0621 + 0{,}0339$$

$$(0{,}390 \cdot M_I\ \ + (0{,}664 + 0{,}310)\,M_{II} + 0{,}163\,M_{II} = 0{,}00841 + 0{,}0339 + 0{,}0046)$$

oder:

$$1{,}484\,M_I\,(+\,0{,}390\,M_{II}) = 0{,}08\,768$$

$$(0{,}390\,M_I + 1{,}137\,M_{II} = 0{,}04\,691)$$

Die Auflösung ergibt:

$M_I = +\,\mathbf{0{,}0530\ mt}$ (0,0590 mt für Holm gelenkig am Rumpf)
$M_{II} = +\,\mathbf{0{,}0231\ mt}$ (0 ,, ,, ,, ,, ,,)

Die Zusatzkräfte in den Knoten für durchlaufenden Holm werden (vgl. S. 15):

Knoten	M_m (cmkg)	$M_m - M_{m-1}$ (cmkg)	l_m (cm)	$\dfrac{M_m - M_{m-1}}{l_m}$ (kg)	A_m (kg)
0	3910				+ 4
I	5300	+ 1410	330	+ 4,3	− 15
II	2310	− 2990	270	− 11,1	+ 11
II'	2310	0	150	0	+ 11

Infolge dieser Zusatzkräfte entsteht:

$$\Delta S_1 = +\,4 \cdot \frac{6{,}75}{2{,}00} = +\,\sim 15\ \text{kg}$$

$$\Delta S_2 = \Delta S_3 = +\,4 \cdot \frac{6{,}75}{2{,}00} - 11 \cdot \frac{3{,}45}{2{,}00} = -\,5\ \text{kg}$$

IIb. Feldmomente für normale Last und über Rumpf durchlaufenden Holm.

Stab	S_0 (kg)	s (cm)	$a_1 = s\sqrt{\dfrac{S}{4148{,}5}}$	a^0	$\sin \alpha$	$\cotg \alpha$	$\dfrac{g\,k^2 = 0{,}08605}{S_{(t)}}$	M_A (mt)	M_B (mt)	D_1
1	460	330	1,706	97° 40,2′	0,991	− 0,135	0,1871	0,0530	0,0391	− 0,1341
2	695	270	1,716	98° 19,2′	0,989	− 0,146	0,1238	0,0231	0,0530	− 0,1009
3	695	150	0,954	54° 39,7′	0,816	+ 0,709	0,1238	0,0231	0,0231	− 0,1009

Stab	D_2	$D_1 \cot g\, \alpha$	$\dfrac{D_2}{\sin \alpha}$	$C_2 \cdot S$	$tg\, \dfrac{x}{k}$	$\dfrac{1}{\cos \dfrac{x}{k}}$	$\dfrac{D_1}{\cos \dfrac{x}{k}}$	$M_{\max/\min}$ (mt)	$\sigma_{\max/\min}$ [1]) (kg/cm²)	n_1
1	$-0{,}1480$	$+0{,}0181$	$-0{,}1495$	$-0{,}1676$	$+1{,}249$	$+1{,}600$	$-0{,}2146$	$-0{,}0275$	117	3,39
2	$-0{,}0708$	$+0{,}0147$	$-0{,}0716$	$-0{,}0863$	$+0{,}856$	$+1{,}316$	$-0{,}1327$	$-0{,}0089$	82	3,35
3	$-0{,}1009$	$-0{,}0716$	$-0{,}1237$	$-0{,}0521$	$+0{,}516$	$+1{,}125$	$-0{,}1135$	$+0{,}0103$	86	10,86

IIIa. Berechnung der Knotenmomente für dreifache Last.

Stab	$a_3 = a_1\sqrt{3}$	a^0	$\sin \alpha$	$\cos \alpha$	$\cot g\, \alpha$	$\alpha \cot g\, \alpha$	ν'	$\dfrac{\alpha}{\sin \alpha}$
1	3,005	172° 10,3′	0,136	$-0{,}991$	$-7{,}274$	$-21{,}858$	$+22{,}858$	$+22{,}096$
2	2,960	169° 35,7′	0,181	$-0{,}984$	$-5{,}446$	$-16{,}120$	$+17{,}120$	$+16{,}354$
3	1,646	94° 18,6′	0,997	$-0{,}075$	$-0{,}075$	$-0{,}123$	$+1{,}123$	$+1{,}651$

Stab	ν''	$\dfrac{1-\cos \alpha}{\alpha \sin \alpha}$	ν'''	$3 S_0 \cdot s$ (mt)	ψ'	ψ''	$g\, \dfrac{s}{S}$	$g\, \dfrac{s}{S} \cdot \nu'''$
1	$+21{,}096$	4,872	4,372	4,702	4,861	4,486	0,347	1,5171
2	$+15{,}354$	3,717	3,217	5,589	3,063	2,747	0,196	0,6305
3	$+0{,}651$	0,655	0,155	3,105	0,362	0,210	0,109	0,0169

Da $M_0 = + 3 \cdot 0{,}0391 = + 0{,}1173$ mt, erhält man folgende Gleichungen zur Bestimmung der Knotenmomente:

$$4{,}486 \cdot 0{,}1173 + M_I (4{,}861 + 3{,}063) (+ M_{II} \cdot 2{,}747) = 0{,}03168 + 1{,}5171 + 0{,}6305$$
$$(2{,}747 \cdot M_I \quad + M_{II} (3{,}063 + 0{,}362) + M_{II} \cdot 0{,}210 = 0{,}02523 + 0{,}6305 + 0{,}0169)$$

oder:
$$7{,}924\, M_I (+ 2{,}747\, M_{II}) = 1{,}6531$$
$$(2{,}747\, M_I + 3{,}635\, M_{II} = 0{,}67263)$$

Die Auflösung ergibt:

$M_I = + 0{,}1957$ mt (0,209 mt für gelenkig am Rumpf angeschlossenen Holm)
$M_{II} = + 0{,}0372$ „ (0 „ „ „ „ „ „)

IIIb. Berechnung der Feldmomente für dreifache Last und über Rumpf durchlaufenden Holm.

Der Einfluß der Knickung auf die Feldmomente wurde nur für durchlaufenden Holm berechnet.

Stab	$a = a_0\sqrt{3}$	a^0	$\sin \alpha$	$\cot g\, \alpha$	$g\, k^2$	M_A (mt)	M_B (mt)	D_1	D_2	$D_1 \cot g\, \alpha$
1	2,952	169° 8,2′	0,188	$-5{,}211$	0,1871	0,1957	0,1173	$+0{,}0086$	$-0{,}0698$	$-0{,}0448$
2	2,971	170° 13,4′	0,170	$-5{,}804$	0,1238	0,0372	0,1957	$-0{,}0866$	$+0{,}0719$	$+0{,}5025$
3	1,652	94° 39,3′	0,997	$-0{,}0814$	0,1238	0,0372	0,0372	$-0{,}0866$	$-0{,}0866$	$+0{,}0070$

---

[1]) s. Anm. S. 16.

Stab	$\dfrac{D_2}{\sin\alpha}$	$C_2\cdot S$	$\operatorname{tg}\dfrac{x}{k}$	$\dfrac{1}{\cos\dfrac{x}{k}}$	$\dfrac{D_1}{\cos\dfrac{x}{k}}$	$M_{\max}^{\min}$ (mt)	$\sigma_{\max}^{\min}$ (kg/cm²)	n_1
1	− 0,3713	− 0,3265	− 37,965	− 37,978	− 0,3266	− 0,1395	516	1,13
2	+ 0,4229	− 0,0796	+ 0,919	+ 1,360	− 0,1176	+ 0,0062	186	1,12
3	− 0,0869	− 0,0939	+ 1,084	+ 1,445	− 0,1252	− 0,0014	172	3,62

Man findet die obigen Werte für normale und für dreifache Last in den Momentenflächen der Fig. 30 und 31 veranschaulicht.

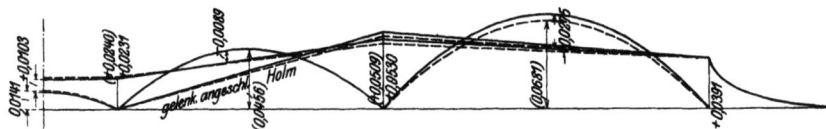

Fig. 30. Momentenfläche des Holms bei normaler Last.

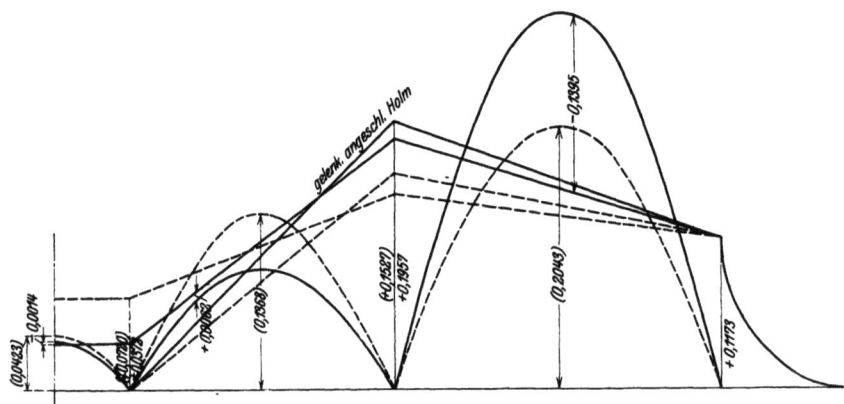

Fig. 31. Momentenfläche des Holms bei dreifacher Last.

IVa. Berechnung der Knotenmomente für 1,5-faches EJ.

Auch hier ist es nützlich, zu untersuchen, wieviel eine Steifigkeitsvergrößerung des Holmes um 50 % die Momentenflächen beeinflußt.

Stab	$a=\dfrac{a_1}{\sqrt{1,5}}$	a^0	$\sin\alpha$	$\cos\alpha$	$\cotg\alpha$	$a\cotg\alpha$	ν'	$\dfrac{a}{\sin\alpha}$
1	1,416	81° 7,9′	0,988	0,154	0,156	0,221	0,779	1,433
2	1,395	79° 55,5′	0,985	0,175	0,178	0,248	0,752	1,416
3	0,776	44° 27,8′	0,700	0,714	1,019	0,791	0,209	1,109

Stab	ν''	$\dfrac{1-\cos\alpha}{a\sin\alpha}$	ν'''	Ss (mt)	ψ'	ψ''	$g\dfrac{s}{S}$	$g\dfrac{s}{S}\cdot\nu'''$
1	0,433	0,605	0,105	1,5675	0,497	0,276	0,347	0,0365
2	0,416	0,601	0,101	1,863	0,404	0,223	0,196	0,0198
3	0,109	0,527	0,027	1,035	0,202	0,105	0,109	0,0029

Man erhält folgende Gleichungen:

0,276 · 0,0391 + (0,497 + 0,404) M$_I$ (+ 0,223 M$_{II}$) = 0,01056 + 0,0365 + 0,0198
(0,223 · M$_I$ + (0,404 + 0,202) M$_{II}$ + 0,105 M$_{II}$ = 0,00841 + 0,0198 + 0,0029)

oder:
$$0,901 \, M_I \, (+ 0,223 \, M_I) = 0,05607$$
$$(0,223 \, M_I + 0,711 \, M_{II} = 0,03111)$$

Die Auflösung ergibt:

M$_I$ = + **0,0557** mt (**0,0622** mt für gelenkig am Rumpf angeschlossenen Holm)
M$_{II}$ = + **0,0263** ,, (0   ,, ,, ,, ,, ,,   ,,   ,,)

IVb. Berechnung der Feldmomente für 1,5-faches EJ und über Rumpf durchlaufenden Holm.

Stab	$a = \dfrac{a_1}{\sqrt{1,5}}$	a^0	$\sin \alpha$	$\cotg \alpha$	$g\,k^2$	M_A (mt)	M_B (mt)	D_1
1	1,393	79° 48,7′	0,984	0,180	0,2806	0,0557	0,0391	− 0,2249
2	1,400	80° 12,8′	0,985	0,172	0,1857	0,0263	0,0557	− 0,1594
3	0,770	44° 7,2′	0,696	1,031	0,1857	0,0263	0,0263	− 0,1594

Stab	D_2	$D_1 \cotg \alpha$	$\dfrac{D_2}{\sin \alpha}$	$C_2 \cdot S$	$\tg \dfrac{x}{k}$	$\dfrac{1}{\cos \dfrac{x}{k}}$	$\dfrac{D_1}{\cos \dfrac{x}{k}}$	$M_{\max\atop\min}$ (mt)
1	− 0,2415	− 0,0405	− 0,2455	− 0,2050	0,912	1,354	− 0,3044	− 0,0238
2	− 0,1300	− 0,0275	− 0,1320	− 0,1045	0,656	1,197	− 0,1910	− 0,0053
3	− 0,1594	− 0,1644	− 0,2293	− 0,0649	0,407	1,080	− 0,1721	+ 0,0136

Die Knotenmomente nehmen also nur wenig zu, die Feldmomente teilweise sogar ab. Jedenfalls werden die Spannungen sehr viel kleiner.

V. Berechnung der Knotenmomente ohne Berücksichtigung der Knickkräfte.

Man erhält (vgl. S. 31) da: 6 E J = 6 · 1 000 000 · 0,000 001 721 = 10,326 tm²

Stab	s_m (mt)	$g\dfrac{s^2}{8}=0,00625\cdot s^2$	$g\dfrac{s^3}{4}=0,0125\,s^3$	$\Delta \vartheta$	$6\,EJ \cdot \Delta\vartheta$
1	3,30	0,0681	0,4492	0,01056	0,1090
2	2,70	0,0456	0,2460	0,00841	0,0868
3	1,50	0,0141	0,0422		

Demnach ergeben sich folgende Gleichungen zur Bestimmung der Momente:

$\overbrace{3,30 \cdot 0,0391}^{M_0}$ + 2 (3,30 + 2,70) M$_I$ (+ 2,70 M$_{II}$) = 0,1090 + 0,4492 + 0,2460
(2,70 · M$_I$ + 2 (2,70 + 1,50) M$_{II}$ + 1,50 M$_{II}$ = 0,0868 + 0,2460 + 0,0422)

oder:
$$12\,M_I \,(+ 2,7\,M_{II}) = 0,6752$$
$$(2,7\,M_I + 9,9\,M_{II} = 0,3750)$$

Die Auflösung ergibt:

$M_I = + 0{,}0509$ mt ($0{,}0563$ mt für gelenkig am Rumpf angeschlossenen Holm)
$M_{II}= + 0{,}0240$,, (0 ,, ,, ,, ,, ,, ,, ,,)

Die Unterschiede gegen die wirklichen Werte bei Knickung sind durchaus plausibel und in den Fig. 30 und 31 dargestellt. Man kann auch hier wieder sehen, wie die Unterschiede bei Vervielfachung der Belastung wachsen.

VI. Berechnung der Momente für $\Delta\vartheta = 0$, d. h. für vollkommen starre Spannkabel.

VI a. Knotenmomente:

Die Gleichungen zur Bestimmung der Momente lauten (vgl. S. 32):

$0{,}483 \cdot 0{,}0391 + (0{,}820 + 0{,}664)\, M_I\, (+ 0{,}390\, M_{II}) = 0{,}0621 + 0{,}0339$
$(0{,}390 \cdot M_I \quad (0{,}664 + 0{,}310)\, M_{II} + 0{,}163\, M_{II} = 0{,}0339 + 0{,}0046)$

oder: $\quad 1{,}484\, M_I\, (+ 0{,}390\, M_{II}) = 0{,}0771$
$\quad\quad\quad (0{,}390\, M_I + 1{,}137\, M_{II} = 0{,}0385).$

Die Auflösung ergibt:

$M_I = + 0{,}0474$ mt ($0{,}052$ mt für gelenkig am Rumpf angeschlossenen Holm)
$M_{II} = + 0{,}0176$,, (0 ,, ,, ,, ,, ,, ,, ,,)

VI b. Feldmomente für durchlaufenden Holm:

Stab	a	$\sin a$	$\cotg a$	$g\,k^2$	M_A (mt)	M_B (mt)	D_1	D_2
1	1,706	0,991	− 0,135	0,1871	0,0474	0,0391	− 0,1397	− 0,1480
2	1,716	0,989	− 0,146	0,1238	0,0176	0,0474	− 0,1062	− 0,0764
3	0,954	0,816	+ 0,709	0,1238	0,0176	0,0176	− 0,1062	− 0,1062

Stab	$D_1 \cotg a$	$\dfrac{D_2}{\sin a}$	$C_2 \cdot S$	$\tg \dfrac{x}{k}$	$\dfrac{1}{\cos \dfrac{x}{k}}$	$\dfrac{D_1}{\cos \dfrac{x}{k}}$	$M_{\max/\min}$ (mt)
1	+ 0,0189	− 0,1495	− 0,1684	+ 1,205	+ 1,566	− 0,2189	− 0,0318
2	+ 0,0155	− 0,0773	− 0,0928	+ 0,874	+ 1,327	− 0,1409	− 0,0171
3	− 0,0753	− 0,1302	− 0,0549	+ 0,516	+ 1,125	− 0,1195	+ 0,0043

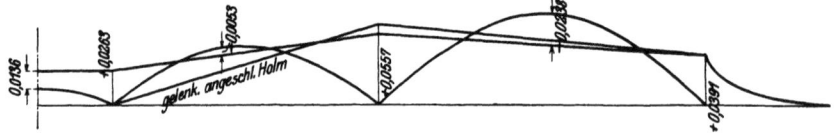

Fig. 32. Momentenfläche des Holms für 1,5-faches EJ.

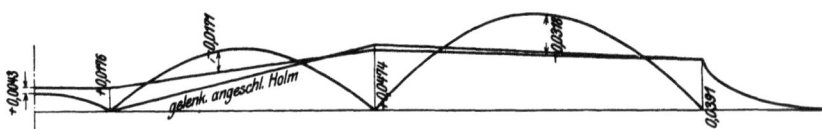

Fig. 33. Momentenfläche des Holms für dehnungslose Spannkabel ($\Delta\vartheta_m = 0$).

Die Momentenflächen für 1,5-faches EJ und für $\Delta\vartheta = 0$ sind in den Fig. 32 und 33 dargestellt.

VII. Beanspruchungen in den Knoten.

Da nach S. 30 in den Knoten ein verstärkter Querschnitt mit:

$$W' = 41{,}09 \text{ cm}^3$$
$$F' = 16{,}44 \text{ cm}^2$$

vorhanden ist, erhält man für über Rumpf durchlaufenden Holm folgende Werte:

a) normale Last:

Knoten	$\sigma_B = \pm \dfrac{M}{W'}$	$\sigma_D^l = \dfrac{S^l}{F'}$	$\sigma_D^r = \dfrac{S^r}{F'}$	σ_l (kg/cm²)	σ_r (kg/cm²)
0	$\pm \dfrac{3910}{41{,}09} = \pm 95$	$-\dfrac{460}{16{,}44} = -28$	0	-123	± 95
I	$\pm \dfrac{5300}{41{,}09} = \pm 129$	$-\dfrac{695}{16{,}44} = -42$	-28	-171	-157
II	$\pm \dfrac{2310}{41{,}09} = \pm 56$	-42	-42	-98	-98

b) dreifache Last:

Knoten	$\sigma_B = \pm \dfrac{M}{W'}$	$\sigma_D^l = \dfrac{S^l}{F'}$	$\sigma_D^r = \dfrac{S^r}{F'}$	σ_l (kg/cm²)	σ_r (kg/cm²)	m_l [1])	m_r [1])
0	$\pm \dfrac{11\,730}{41{,}09} = \pm 286$	$-\dfrac{3 \cdot 460}{16{,}44} = -84$	0	-370	± 286	3,0	3,0
I	$\pm \dfrac{19\,570}{41{,}09} = \pm 476$	$-\dfrac{3 \cdot 695}{16{,}44} = -128$	-84	-604	-560	3,53	3,57
II	$\pm \dfrac{3720}{41{,}09} = \pm 91$	-128	-128	-219	-219	2,24	2,24

Diese Spannungsverteilung ist in den Fig. 34 und 35 aufgetragen

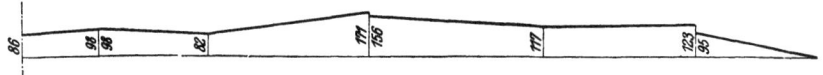

Fig. 34. Gesamtbeanspruchungen des Holms bei normaler Last in kg/cm².

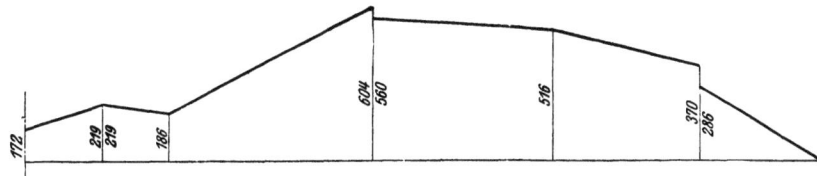

Fig. 35. Gesamtbeanspruchungen des Holms bei dreifacher Last in kg/cm².

Bemerkenswert ist das schnellere Anwachsen der Spannungen in Knotenpunkt I bei dreifacher Last.

---

[1]) $m = \dfrac{\sigma_{\text{dreifache Last}}}{\sigma_{\text{normale Last}}}$

VIII. Knicksicherheit des Holms als Ganzes.

Das Gleichungssystem lautet analog wie auf S. 25:

$$\overbrace{M_{m-1} \psi_1'' + M_I (\psi_1' + \psi_2') (+ M_{II} \psi_2'')}^{=0} = 0$$
$$(M_I \psi_2'' \quad + M_{II} (\psi_2' + \psi_3' + \psi_3'')) = 0)$$

Die eingeklammerten Glieder fallen bei gelenkig angeschlossenem Holm fort.

Man erhält daher für die Nennerdeterminante:

$$D = \begin{vmatrix} \psi_1' + \psi_2' & \psi_2'' \\ \psi_2'' & \psi_2' + \psi_3' + \psi_3'' \end{vmatrix}$$
$$= (\psi_1' + \psi_2')(\psi_2' + \psi_3' + \psi_3'') - \psi_2''^2$$
$$= (\psi_1' + \psi_2') \text{ für gelenkig angeschlossenen Holm.}$$

Der Wert der Determinante wird für:

a) dreifache Last (vgl. S. 33):

$\psi_1' = 4{,}861; \quad \psi_1'' = 4{,}486 \qquad D = (4{,}861 + 3{,}063)(3{,}063 + 0{,}362 + 0{,}210)$
$\psi_2' = 3{,}063; \quad \psi_2'' = 2{,}747 \qquad - 0{,}196^2$
$\psi_3' = 0{,}362; \quad \psi_3'' = 0{,}210 \qquad = + \mathbf{28{,}765} \; (\mathbf{7{,}924} \text{ gelenkig angeschl. Holm})$

b) vierfache Last:

$a = 2a_0$	a^0	$\sin a$	$\cotg a$	$a \cotg a$	v'	$\dfrac{a}{\sin a}$	v''	$\dfrac{4 S_0 \cdot s}{(\text{mt})}$	ψ'	ψ''
3,468	198° 4,2′	− 0,310	+ 3,065	+ 10,629	− 9,629	− 11,187	− 12,187	6,270	− 1,535	− 1,944
3,418	195° 50,4′	− 0,273	+ 3,525	+ 12,048	− 11,048	− 12,520	− 13,520	7,452	− 1,482	− 1,814
1,900	108° 51,8′	+ 0,946	− 0,342	− 0,650	+ 1,650	+ 2,008	+ 1,008	4,140	+ 0,400	+ 0,243

$$D = (-1{,}535 - 1{,}482)(-1{,}482 + 0{,}400 + 0{,}243) - 1{,}814^2$$
$$= -\mathbf{0{,}756} \; (-\mathbf{3{,}017} \text{ gelenk. angeschl. Holm})$$

Die gradlinige Interpolation (vgl. Fig. 43 des Systems von 1,50 m Höhe) ergibt eine n = ∼ 4-fache Knicksicherheit des Holms als Ganzes (n = 3,7-fache Sicherheit für gelenkig angeschl. Holm).

B. System von 1,50 m Höhe.

I. Berechnung der Spannkräfte und Winkeländerungen im Hauptsystem.

Die Belastung sowie die Knotenpunktslasten sind bei gleicher Feldverteilung dieselben wie im vorstehend berechneten System (Fig. 36).

Die Spannkräfte S_0 des Holms vergrößern sich im Verhältnis der Systemhöhen: $= \dfrac{2{,}00}{1{,}50} = \dfrac{4}{3}$, so daß man erhält:

$$S_1 = \frac{4}{3} \cdot 475 = 630 \text{ kg}$$
$$S_2 = S_3 = \frac{4}{3} \cdot 690 = 920 \text{ kg}$$

Die Festigkeitsberechnung der Flugzeugholme.

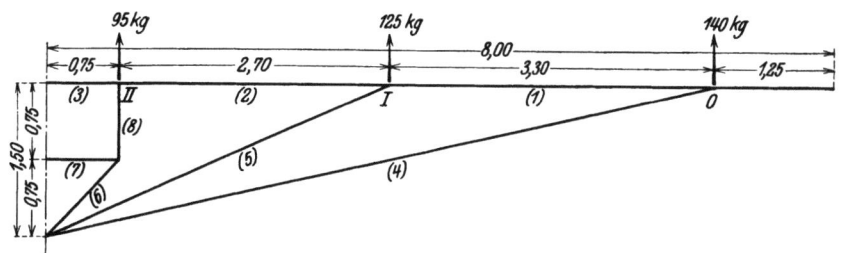

Fig. 36. System und Belastungsschema des Eindeckers von 1,50 m Systemhöhe.

Für die Spannkräfte der beiden Diagonalen ergibt sich:

$$S_4 = 140 \cdot \frac{\sqrt{1{,}50^2 + 6{,}75^2}}{1{,}50} = 645 \text{ kg}$$

$$S_5 = 125 \cdot \frac{\sqrt{1{,}50^2 + 3{,}45^2}}{1{,}50} = 315 \text{ kg}$$

Um gleiche Knicksicherheit wie für das oben untersuchte System von 2,00 m Höhe des Holms zu erzielen, wird das Trägheitsmoment des Holmquerschnitts auf $\frac{4}{3} \cdot 172{,}1 = 229{,}6$ cm^4 vergrößert, so daß:

$$W = \frac{229{,}6}{5{,}0} = 45{,}92 \text{ cm}^3.$$

In den Knoten wird der Querschnitt verstärkt, so daß:

$$W' = 49{,}25 \text{ cm}^3$$
$$F' = 18{,}64 \text{ cm}^2.$$

Nach Vorstehendem erhält man für die Längenänderungen folgende Werte:

Stab	S_0 (kg)	σ_0 (kg/cm^2)	s (cm)	Δs (cm)
1	630	37,9	330	0,125
2	920	55,3	270	0,15
3	920	55,3	150	0,08

$$\Delta s_4 = \frac{691{,}5}{400} = 1{,}73 \text{ cm}$$

$$\Delta s_5 = \frac{376{,}2}{400} = 0{,}9405 \text{ cm}.$$

Der in Fig. 37 dargestellte Verschiebungsplan liefert:

$$\delta_0 = 94{,}1 \text{ mm}; \quad \delta_I = 27{,}6 \text{ mm}$$

und somit folgende Winkeländerungen:

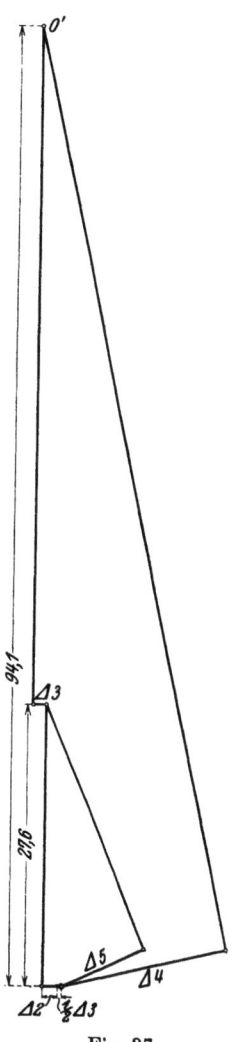

Fig. 37. Verschiebungsplan.

Knoten	δ_m (mm)	$\delta_m - \delta_{m-1}$ (mm)	l_m (mm)	$\dfrac{\delta_{m-1} - \delta_m}{l_m}$	$\Delta\vartheta_m$
0	94,1				
I	27,6	66,5	3300	0,02015	+ 0,00993
II	0	27,6	2700	0,01022	+ 0,01022
II	0	0	1500	0	

II.—III. Untersuchung für normale und dreifache Last.

Da: $\alpha = s\sqrt{\dfrac{S}{EJ}}$ und bei den gewählten Querschnittsabmessungen das Verhältnis von $\dfrac{S}{J}$ ungeändert gegenüber dem vorstehend berechneten System bleibt, so ändern sich auch die α-Werte und die ν-Werte nicht. Da jedoch $S \cdot s$ $\dfrac{4}{3}$ mal so groß wird, so werden die ψ-Werte $\dfrac{3}{4}$ der vorstehend berechneten. Erweitert man daher die vorstehenden Gleichungen zur Bestimmung der Knotenmomente mit $\dfrac{4}{3}$, so hat man nur nötig, die bei diesem System sich ergebenden geänderten Winkeländerungen noch mit $\dfrac{4}{3}$ multipliziert und die sämtlichen übrigen Glieder ungeändert einzusetzen. Man erhält daher:

IIa. Knotenmomente bei Normallast (s. S. 32):

$$0{,}483 \cdot 0{,}0391 + (0{,}820 + 0{,}664)\,M_I\,(+\,0{,}390\,M_{II}) = \overbrace{\dfrac{4}{3} \cdot 0{,}00993}^{0{,}01324} + 0{,}0621 + 0{,}0339)$$

$$(0{,}390\,M_I \quad + (0{,}664 + 0{,}310)\,M_{II} + 0{,}163\,M_{II} = \underbrace{\dfrac{4}{3} \cdot 0{,}01022 + 0{,}0339 + 0{,}0046)}_{0{,}01363}$$

oder:

$$1{,}484\,M_I\,(+\,0{,}390\,M_{II}) = 0{,}09054$$
$$(0{,}390\,M_I + 1{,}137\,M_{II} = 0{,}05213)$$

Die Auflösung ergibt:

$$M_I = +\,0{,}0538\ \text{mt};\quad M_{II} = +\,0{,}0272\ \text{mt}$$
$$(= \mathbf{0{,}061} \qquad\quad = 0\ \text{für gelenk. angeschl. Holm})$$

IIb. Feldmomente bei Normallast (s. S. 32) für über Rumpf durchlaufenden Holm.

$\sin\alpha$	$\cotg\alpha$	$g\,k^2$	M_A (mt)	M_B (mt)	D_1	D_2	$D_1\cotg\alpha$
0,991	− 0,135	0,1871	0,0538	0,0391	− 0,1333	− 0,1480	+ 0,0180
0,989	− 0,146	0,1238	0,0272	0,0538	− 0,0966	− 0,0700	+ 0,0141
0,816	+ 0,709	0,1238	0,0272	0,0272	− 0,0966	− 0,0966	− 0,0685

$\frac{D_2}{\sin \alpha}$	$C_2 \cdot S$	$\operatorname{tg} \frac{x}{k}$	$\frac{1}{\cos \frac{x}{k}}$	$\frac{D_1}{\cos \frac{x}{k}}$	$M_{\max/\min}$ (mt)	$\sigma_{\max/\min}$ (kg/cm²)
− 0,1495	− 0,1675	+ 1,256	+ 1,604	− 0,2139	− 0,0268	95
− 0,0708	− 0,0849	+ 0,879	+ 1,332	− 0,1286	− 0,0048	76
− 0,1184	− 0,0499	+ 0,516	+ 1,125	− 0,1086	+ 0,0152	89

IIIa. **Knotenmomente bei dreifacher Last** (s. S. 33):

$$4{,}486 \cdot 0{,}1173 + (4{,}861 + 3{,}063) M_I (+ 2{,}747 M_{II}) = 3 \cdot 0{,}01324 + 1{,}5171 + 0{,}6305$$

$$(2{,}747 M_I \quad + (3{,}063 + 0{,}362) M_{II} + 0{,}210 M_{II} = 3 \cdot 0{,}01363 + 0{,}6305 + 0{,}0169)$$

oder:

$$7{,}924 \cdot M_I (+ 2{,}747 M_{II}) = 1{,}6611$$

$$(2{,}747 \cdot M_I + 3{,}635 M_{II} = 0{,}68828)$$

Die Auflösung ergibt:

$$M_I = +\,\mathbf{0{,}1953}\,\text{mt}; \quad M_{II} = \mathbf{0{,}0418}\,\text{mt}$$

$$(= +\,\mathbf{0{,}210} \qquad = 0 \text{ für gel. angeschl. Holm})$$

IIIb. **Feldmomente bei dreifacher Last** (s. S. 33) und über Rumpf durchlaufenden Holm.

$\sin \alpha$	$\cot g\,\alpha$	$g k^2$	M_A (mt)	M_B (mt)	D_1	D_2	$D_1 \cot g\,\alpha$
0,188	− 5,211	0,1871	0,1953	0,1173	+ 0,0082	− 0,0698	− 0,0427
0,170	− 5,804	0,1238	0,0418	0,1953	− 0,0820	+ 0,0715	+ 0,4759
0,997	− 0,0814	0,1238	0,0418	0,0418	− 0,0820	− 0,0820	+ 0,0067

$\frac{D_2}{\sin \alpha}$	$C_2 \cdot S$	$\operatorname{tg} \frac{x}{k}$	$\frac{1}{\cos \frac{x}{k}}$	$\frac{D_1}{\cos \frac{x}{k}}$	$M_{\max/\min}$ (mt)	$\sigma_{\max/\min}$ (kg/cm²)
− 0,3711	− 0,3284	− 40,049	− 40,061	− 0,3285	− 0,1414	419
+ 0,4206	− 0,0553	+ 0,674	+ 1,206	− 0,0989	+ 0,0249	222
− 0,0822	− 0,0889	+ 1,084	+ 1,445	− 0,1185	+ 0,0053	180

Die Momentenflächen für normale und dreifache Last sind in den Fig. 38 und 39 dargestellt.

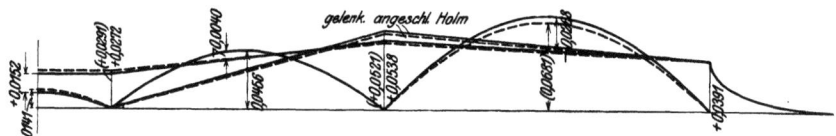

Fig. 38. Momentenfläche des Holms bei normaler Last.

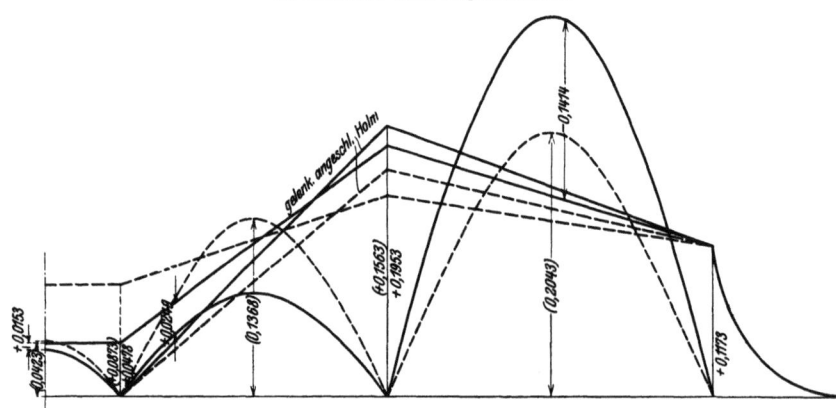

Fig. 39. Momentenfläche des Holms bei dreifacher Last.

IVa. Berechnung der Knotenmomente für 1,5-faches EJ (s. S. 35).

Die Gleichungen zur Bestimmung der Knotenmomente lauten (die Glieder bzw. Gleichungen, die bei gelenkig angeschlossenem Holm fortfallen, sind eingeklammert):

$$0{,}276 \cdot 0{,}0391 + (0{,}497 + 0{,}404)\, M_I\, (+\, 0{,}223\, M_{II}) = 0{,}01324 + 0{,}0365 + 0{,}0198$$

$$(0{,}223 \cdot M_I \quad + (0{,}404 + 0{,}202)\, M_I + 0{,}105\, M_{II} = 0{,}01363 + 0{,}0198 + 0{,}0029)$$

oder:

$$0{,}901\, M_I\, (+\, 0{,}223\, M_{II}) = 0{,}05875$$

$$(0{,}223\, M_I + 0{,}711\, M_{II} = 0{,}03633)$$

Die Auflösung ergibt:

$$M_I = +\, 0{,}0570\ \text{mt};\quad M_{II} = +\, 0{,}0333\ \text{mt}$$

$$(= +\, \mathbf{0{,}06525} \qquad = 0 \text{ für gel. angeschl. Holm})$$

IVb. Berechnung der Feldmomente für 1,5-faches EJ (s. S. 35) und über Rumpf durchlaufenden Holm:

$\sin \alpha$	$\cotg \alpha$	$g\, k^2$	M_A (mt)	M_B (mt)	D_1	D_2
0,984	0,180	0,2806	0,0570	0,0391	−0,2236	−0,2415
0,985	0,1725	0,1857	0,0333	0,0570	−0,1524	−0,1287
0,696	1,031	0,1857	0,0333	0,0333	−0,1524	−0,1524

$D_1 \cotg \alpha$	$\dfrac{D_2}{\sin \alpha}$	$C_2 \cdot S$	$\tg \dfrac{x}{k}$	$\dfrac{1}{\cos \dfrac{x}{k}}$	$\dfrac{D_1}{\cos^3 \dfrac{x}{k}}$	$M_{\max/\min}$ (mt)
−0,0402	−0,2454	−0,2052	0,918	1,357	−0,3034	−0,0228
−0,0261	−0,1307	−0,1046	0,686	1,213	−0,1849	+0,0008
−0,1571	−0,2190	−0,0619	0,407	1,080	−0,1647	+0,0210

Die Momentenverteilung für 1,5-faches EJ zeigt Fig. 40.

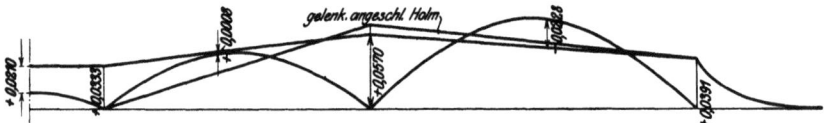

Fig. 40. Momentenfläche des Holms für 1,5-faches EJ.

V. Berechnung der Knotenmomente ohne Berücksichtigung der Knickkräfte.

Für die Werte $6EJ \cdot \Delta\vartheta_m$ erhält man:

$\Delta\vartheta_m$	$6\,E\,J \cdot \Delta\vartheta_m = 6 \cdot 1\,000\,000 \cdot \dfrac{229{,}6}{10^8} = 13{,}776 \cdot \Delta\vartheta_m$
0,00993	0,1368
0,01022	0,1408

Nach S. 35 ergeben sich demnach folgende Gleichungen für die Knotenmomente:

$$3{,}30 \cdot \overbrace{0{,}0391}^{M_0} + 12\,M_I\,(+\,2{,}7\,M_{II}) = 0{,}4492 + 0{,}2460 + 0{,}1368$$
$$(2{,}7\,M_I + 9{,}9\,M_{II} = 0{,}2460 + 0{,}0422 + 0{,}1408)$$

oder:
$$12\,M_I\,(+\,2{,}7\,M_{II}) = 0{,}7030$$
$$(2{,}7\,M_I + 9{,}9\,M_{II} = 0{,}4290)$$

Die Auflösung ergibt:

$$M_I = +\,0{,}0521 \text{ mt}; \quad M_{II} = +\,0{,}0291 \text{ mt}$$
$$(= +\,0{,}0586 \qquad\quad = 0 \text{ für gel. angeschl. Holm})$$

VI. Untersuchung für $\Delta\vartheta = 0$; d. h. für dehnungslose Diagonalen.

Da sich nach S. 40 nur das Glied mit $\Delta\vartheta$ in den Gleichungen ändert, so erhält man, da dieses für $\Delta\vartheta = 0$ wegfällt, dieselben Momente wie im vorstehend berechneten System von größerer Bauhöhe, also nach S. 36:

$$M_I = +\,0{,}0474 \text{ mt } (0{,}0520); \quad M_{(1)} = -\,0{,}0318 \text{ mt}$$
$$M_{II} = +\,0{,}0176 \text{ ,, } (0); \quad M_{(2)} = -\,0{,}0171 \text{ ,,}$$
$$\qquad\qquad\qquad\qquad\qquad\quad M_{(3)} = +\,0{,}0043 \text{ ,,}$$

VII. Beanspruchungen in den Knoten für über Rumpf durchlaufenden Holm.

Mit dem nach S. 39 in den Knoten verstärkten Querschnitt von $\begin{cases} W' = 49{,}25 \text{ cm}^3 \\ F' = 18{,}64 \text{ cm}^2 \end{cases}$ erhält man folgende Werte für die Beanspruchung in kg/cm²:

a) normale Last:

Knoten	$\sigma_B = \pm \dfrac{M}{W'}$	$\sigma_D^l = \dfrac{S^l}{F'}$	$\sigma_D^r = \dfrac{S^r}{F'}$	σ_l (kg/cm²)	σ_r (kg/cm²)
0	$\pm \dfrac{3910}{49{,}25} = \pm\,79$	$-\dfrac{\tfrac{4}{3} \cdot 460}{18{,}64} = -\,33$	0	$-\,112$	$\pm\,79$
I	$\pm \dfrac{5380}{49{,}25} = \pm\,109$	$-\dfrac{\tfrac{4}{3} \cdot 695}{18{,}64} = -\,50$	$-\,33$	$-\,159$	$-\,142$
II	$\pm \dfrac{2720}{49{,}25} = \pm\,55$	$-\,50$	$-\,50$	$-\,105$	$-\,105$

b) dreifache Last:

Knoten	$\sigma_B = \pm \dfrac{M}{W'}$	$\sigma_D^l = \dfrac{S^l}{F'}$	$\sigma_D^r = \dfrac{S^r}{F'}$	σ_l (kg/cm²)	σ_r (kg/cm²)	m_l [1]	m_r [1]
0	$\pm \dfrac{11\,730}{49{,}25} = \pm 238$	$-\dfrac{4 \cdot 460}{18{,}64} = -99$	0	-337	± 238	3,0	3,0
I	$\pm \dfrac{19\,530}{49{,}25} = \pm 397$	$-\dfrac{4 \cdot 695}{18{,}64} = -149$	-99	-546	-496	3,44	3,49
II	$\pm \dfrac{4180}{49{,}25} = \pm 85$	-149	-149	-234	-234	2,23	2,23

Diese Spannungsverteilung ist in den Fig. 41 und 42 dargestellt:

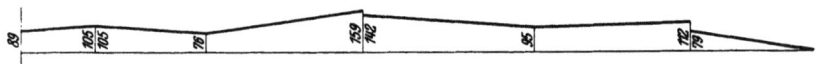

Fig. 41. Gesamtbeanspruchungen des Holms bei normaler Last (in kg/cm²).

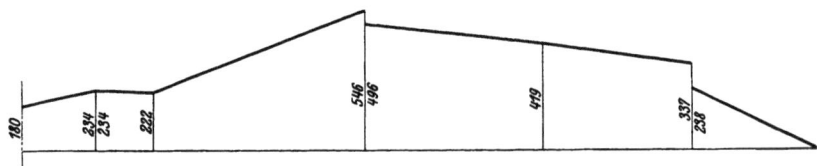

Fig. 42. Gesamtbeanspruchungen des Holms bei dreifacher Last (in kg/cm²).

VIII. Knicksicherheit des Holms als Ganzes.

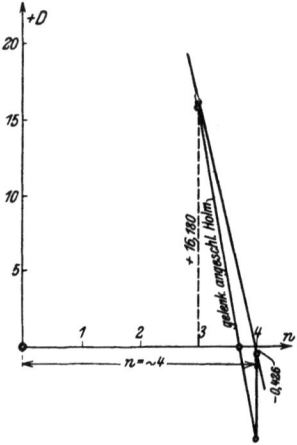

Fig. 43. Darstellung der Nennerdeterminante als Funktion der Belastung.

Der S. 38 entwickelte Ausdruck für die Nennerdeterminante ist quadratisch in bezug auf die Werte ψ, deshalb wird der Wert der Determinante $= \dfrac{9}{16} \cdot$ der S. 38 berechneten Werte, also für:

dreifache Last: $D = \dfrac{9}{16} \cdot + 28{,}765 = + \mathbf{16{,}180}$

vierfache „ : $D = \dfrac{9}{16} \cdot - 0{,}756 = - \mathbf{0{,}426}$

Die Interpolation nach Fig. 43 ergibt daher wieder wie für vorstehend berechnetes System eine $n = \sim 4$-fache Knicksicherheit des Holms als Ganzes (bzw. f. gel. angeschl. Holm eine 3,7-fache Sicherheit).

Aus den Rechnungsergebnissen ist besonders Folgendes zu beachten:

Die Bauart der Eindecker mit biegungsfest über den Rumpf durchlaufenden Holmen zeigt zwar etwas kleinere Biegungsmomente, ist jedoch gegenüber einer

---

[1] $m = \dfrac{\sigma_{\text{dreifache Last}}}{\sigma_{\text{normale Last}}}$

Längung der Diagonalen erheblich empfindlicher, da das Moment am Rumpfanschluß von $\varDelta \vartheta = 0$ (starre Diagonalen) bis zu den mit einer Spannung von 2000 kg/qcm gedehnten Diagonalen bei der Bauhöhe von 2 m um 24% und bei der Bauhöhe von 1,5 m sogar um 45,5% zunimmt. Auch aus diesem Grunde ist die Bauweise mit biegungsfestem Anschluß am Rumpf wohl jetzt allgemein verlassen.

Die Biegungsmomente in den Knotenpunkten werden ebenso wie beim Doppeldecker wesentlich größer als diejenigen in den Feldmitten. Es ist also nicht nur nötig, dort die Querschnitte zu verstärken, wie es hier vorausgesetzt wurde, sondern auch dafür zu sorgen, daß die Durchbildung der Knotenpunkte trotz ihrer unvermeidlichen Bolzenlöcher und Zerschneidungen der Holzfasern den Querschnitt daselbst gegen ruhende und stoßweise Belastung sichert.

Die Verteilung der Feldweiten (1) und (2) bei den Eindeckern erfolgte so, daß in beiden bei gleichem Trägheitsmoment des Holmes gleiche Knicksicherheit entsteht. Die Rechnung hat gezeigt, daß nun das äußere Feld (1) auch unter Berücksichtigung der Knickung erheblich größere Biegungsmomente erfährt als das innere Feld. Dies zeigt, daß es vorteilhafter gewesen wäre, den Knotenpunkt I mehr nach außen zu verlegen.

Schließlich beweisen die Rechnungen bei Eindeckern noch mehr als bei Doppeldeckern, daß die große Dehnbarkeit der Diagonalkabel die Spannungen ungünstig beeinflußt. Jedoch machen die Flugzeugingenieure drei Gründe für ihre Anwendung geltend, nämlich besserer Ausgleich von Materialfehlern als bei Drähten, bequemere Ausbildung der Anschlüsse durch Spleißen und größere Nachgiebigkeit bei stoßweiser Belastung.

In der obigen Rechnung ist die Belastung von oben bei steilem Gleitfluge, die für den vorderen Holm eintritt, nicht behandelt worden. Die Art der Vorherberechnung hat der Eine von uns in diesem Jahrbuch 1 Bd. I 1912 S. 87—89 aus der Schräglage des Flugzeugs und den Luftdruckkoeffizienten an dem Beispiel einer 1:15 gewölbten Platte vorgeführt und oben haben wir für drei Holmteilungen die Lastverteilungen gezeichnet, von denen die bei kleinen Winkeln (Sturzflug) maßgebend sind.

Bei noch kleineren Winkeln tritt bekanntlich ein sprungweises Rücken der Druckresultierenden von hinten nach vorn auf, und es müssen, worauf uns Herr Dorner aufmerksam gemacht hat, bei kleinen Steuerbewegungen ruckweise Belastungsänderungen entstehen, die zu Schwingungen führen können. Es ist deswegen der Verspannung von oben große Wichtigkeit beizumessen. Der Rechnungsgang einer oberen Verspannung würde offenbar derselbe wie der oben vorgetragene sein.

Bei den ganzen Entwicklungen wurde zunächst konstanter Holmquerschnitt vorausgesetzt. Um den Bau zu erleichtern, wird man die Ergebnisse dazu benutzen, um entweder die Feldweiten günstiger zu verteilen oder den Holmquerschnitt den Momenten anzupassen. Bei starken Änderungen des Holmquerschnitts würde dann eine zweite Rechnung analog der obigen angebracht sein, um sich zu vergewissern, daß die Änderung der Querschnitte die Momentenflächen nicht unzulässig beeinflußt. Im allgemeinen ist aber der Einfluß solcher Änderungen gering. Man sieht dies z. B. auch daraus, daß sogar bei 1½-fachem Trägheitsmoment des Holmes die Momentenfläche sich bei dem untersuchten Doppeldecker um 6%, bei dem Eindecker von 2,00 m Systemhöhe um 14%, bei dem von 1,50 m Höhe um höchstens 22% ändert!

In den meisten Fällen wird schon diese erste hier vorgetragene Berechnung der Werkstatt völlig ausreichende Grundlagen geben.

Um keine Zweifel aufkommen zu lassen, möge nochmals betont werden, daß hier nur das Rechnungschema für eine Tragwand durchgeführt wurde, daß dagegen die ebenso wichtige aber rechnerisch einfachere Frage der Flügelfestigkeit parallel der Flügelsehne und die seitliche Festigkeit der Holme nicht behandelt worden ist.

Eine weitere hier nicht behandelte Aufgabe ist die der Spannungsverteilung beim Landen des Flugzeugs. Ein großer Teil der Stäbe in der Nähe des Fahrgestells ist nicht nach den Anforderungen des Fluges, sondern denen des Landens zu bemessen. Die Spannungsverteilung hat auch infolge der Trägheitskräfte des Rumpfes einen räumlich verwickelteren Charakter und hängt von dem Aufbau des Fahrgestells im einzelnen ab.

Nachträglich mögen noch einige grundsätzliche Bemerkungen gemacht werden, die uns beim Durchsehen des fertigen Aufsatzes am Anfang desselben bezw. auf S. 24 zu fehlen scheinen.

Alle Berechnungen auch die für mehrfache Last und für Knickung sind ohne Abänderung des Elastizitätsmoduls durchgeführt worden, während er in Wirklichkeit oberhalb der Proportionalitätsgrenze abnimmt. Für Metallkonstruktion ist diese Veränderlichkeit genau angebbar, während das außerelastische Verhalten der verschiedenen Holzarten und auch der aus verschiedenen Holzarten und Leinwandbespannung zusammengesetzten Holmquerschnitte sehr wechselnd sein dürfte. Es ist dringend zu empfehlen, für jede größere statische Holmberechnung einfache Biegungs- und Knickungsversuche zur Ermittelung des Elastizitätsmoduls bei kleinen und großen Spannungen zu machen.

Ist dies geschehen, so läßt sich für jede Knickspannung nach Karman ein aus zwei äußersten Werten des Elastizitätsmoduls gebildeter mittlerer Modul angeben, der für das Verhalten und streng genommen auch für unsere Rechnung maßgebend ist und zwar ist deshalb ein mittlerer zu nehmen, weil Teile des Querschnitts bei der Biegung auch entlastet werden. Ist E_1 der Modul für kleine Spannung und E_2 derjenige für die Knickspannung, so ist der maßgebende Mittelwert E_m so zu finden, daß zunächst der Querschnitt durch eine neutrale Achse geteilt wird, derart, daß die statischen Momente der Querschnittsteile sich umgekehrt wie die Elastizitätsmodule E_1 und E_2 verhalten. Sodann ist zu setzen:

$$E_m J = E_1 J_1 + E_2 J_2$$

wo J_1 und J_2 die Trägheitsmomente der Querschnittsteile in bez. auf die besagte Achse sind. Für den vollen Rechteckquerschnitt findet sich so

$$\frac{1}{\sqrt{E_m}} = \frac{1}{2}\left(\frac{1}{\sqrt{E_1}} + \frac{1}{\sqrt{E_2}}\right)$$

während für den hohlen Rechteck- oder Doppelteequerschnitt sich ergibt:
$$\frac{1}{E_m} = \frac{1}{2}\left(\frac{1}{E_1} + \frac{1}{E_2}\right)$$
In letzterem Falle erhält man z. B. für $E_2 = \frac{1}{2} E_1$
$$E_m = 0{,}66\ E_1\ ^1)$$

Die rechnerischen Ergebnisse der oben behandelten Beispiele lassen sich leicht umdeuten, wenn man eine beobachtete Veränderlichkeit des Elastizitätsmoduls berücksichtigen will. Die Bestimmungsgleichungen für die Knoten- und die Feldmomente auf S. 11 u. 12 enthalten den Elastizitätsmodul in der Zusammenstellung EJ/S, so daß eine Veränderung von E durch eine solche der Spannkraft S aufgehoben werden kann. Allerdings kommt S dann noch explicite in den rechten Seiten der Gleichungen so vor, daß seine Änderung proportionale Änderungen der Momente hervorruft, bis auf die Winkeländerungen $\triangle \vartheta$, welche in der Form $S \triangle \vartheta$ einen quadratischen Einfluß ausüben, aber, wie man auf S. 13 sieht, im Oberholm einen sehr geringen Einfluß.

Die Umrechnung der früheren Ergebnisse möge an Hand der Fig. 13 für $E_m = 0{,}66\ E_1$ gezeigt werden:

Die Figur gilt dann nicht für dreifaches S, sondern für $0{,}66 \cdot 3$ faches S, aber ihre Ordinaten sind wegen des expliziten Vorkommens von S mit 0,66 zu multiplizieren.

Es entsteht dann also z. B. nicht das Feldmoment im Stabe 1 von 0,161 tm bei 3 facher Last, sondern ein solches von $0{,}161 \cdot 0{,}66 = 0{,}1062$ tm bei $0{,}66 \cdot 3 = 1{,}98$ facher Last bezw. die ganze Fig. 13 gilt dann nicht für 3 fache Last, sondern für 1,98 fache Belastung mit den 0,66 fachen Werten der Momente.

Wir können aber, wie gesagt, für Holzholme keine Vorschläge für die Abminderung des Elastizitätsmoduls machen, da hierzu Versuche mit dem gewählten Querschnitt nötig sind.

Es gibt allerdings auch Fälle, insbesondere bei Stahl von hoher Elastizitätsgrenze und bei weitgespannten Feldern, in denen man unbedenklich mit unveränderlichem Elastizitätsmodul rechnen darf, wie man folgendermaßen sieht:

Die Eulersche Knickformel läßt sich bekanntlich auch in der Form schreiben
$$\sigma_k = \pi^2\ E\ (i/s)^2$$
wo σ_k die Druckspannung unter Knicklast im ungebogenen Zustande, i der Trägheitsradius des Holmquerschnitts und s die Feldweite ist. Für ein dünnwandiges Stahlrohr setze man $i^2 = \dfrac{d^2}{8}$, wo d der äußere Rohrdurchmesser und es werde gewählt d/s = 0,025. Dann wird:
$$\sigma_k = \pi^2 \cdot 2{,}2 \cdot 10^6 \cdot 0{,}025^2 \cdot {}^1/_8 = 1700\ \text{kg/qcm}$$

Dieser Wert ist etwa gleich der Elastizitätsgrenze von Handels-Walzeisen und weit unter derjenigen von kaltgezogenem Stahl (> 4000).

---

[1] Karman, Untersuchungen über Knickfestigkeit, Mitt. üb. Forschungsarb., Heft 81 S. 19ff., Julius Springer, Berlin 1910.

Bei solchen Verhältnissen dürfte man also unbedenklich mit unverändertem Modul rechnen.

Für S. 24 wird vielleicht die folgende Erläuterung den Sachverhalt deutlicher machen. Das allgemeine Knickungsproblem beruht in der folgenden Frage:

Bei welcher Belastung ist außer dem Zustande zentrischer Druckbeanspruchung noch ein anderer stabilerer Zustand von Biegung möglich und welche Biegungsspannungen treten dann an Stelle der Druckspannungen?

Die vollständige Lösung dieser Frage ist nur mit Hilfe des vollständigen Ausdrucks für den Krümmungsradius der elastischen Linie möglich, während die übliche technische Theorie der Biegungslinie nur mit einem angenäherten Ausdruck d^2y/dx^2 für die Krümmung $1/r$ arbeitet. Diese angenäherte Theorie der Biegungslinie, der wir auch hier gefolgt sind, ist nur in der Lage, den sogenannten Verzweigungspunkt der Lösung der genauen Differentialgleichung zu ermitteln, an dem die Form des reinen Druckzustandes instabil wird und die des stabileren Biegungszustandes anfängt.

Dagegen darf man von der genäherten Form der Biegungslinie, die aus Gründen der mathematischen Einfachheit auch hier gewählt werden mußte, keine Aussage über den Spannungszustand jenseits der Knicklast erwarten.

Die Frage wird nun hier noch dadurch verwickelt, daß von Anfang an infolge der Querbelastung ein Biegungszustand vorhanden ist. Die genäherte Differentialgleichung liefert unendlich große Spannungen am Verzweigungspunkt, während die genaue Gleichung zwar große aber endliche Spannungen liefern würde.

Durch die Beschränkung auf den angenäherten Wert des Krümmungsradius r wird aber ferner noch die Berücksichtigung des günstigen Einflusses der Querbelastung erschwert und zwar wie folgt:

Ein mehrfach gestützter Stab, dessen Knickfestigkeit in allen Feldern die gleiche ist, wird durch eine Längskraft in einer geschlängelten Biegungslinie aus Knicken, derart daß über den Stützpunkten Wendepunkte entstehen, d. h. die Stützmomente gleich Null sind. Bekommt derselbe Stab eine genügend große Querbelastung, so wird er in dieser Weise nicht ausknicken können, sondern in einer doppelt geschlängelten Linie, so zwar, daß die Stützmomente nicht verschwinden und die Wendepunkte sich zwischen den Stützen befinden.

Bei genügend großer, überall in gleicher Richtung wirkender Querbelastung wird also die Knickfestigkeit dadurch größer werden, daß der Zustand geringster Knicklast verhindert wird. Wie groß aber die Querbelastung sein muß, um diesen günstigen Einfluß auszuüben, kann nur durch die mathematisch viel schwierigere Verwertung der genauen Biegungslinie ermittelt werden.

Es tritt dann ein Knickzustand höherer Last ein, bei dem die Knotenmomente bei verschwindender Querbelastung nicht verschwinden, indem die Nennerdeterminante der Clapeyron-Winklerschen Gleichungen Null wird. (Siehe S. 24.)

Ist die Knickfestigkeit des Holmes nicht in allen Feldern die gleiche, so kann der Zustand des gleichzeitigen Ausknickens mit Wendepunkten an den Knoten von vornherein nicht auftreten. Es müssen vielmehr schon bei der einfach geschlängelten Form der Biegungslinie Knotenmomente auch bei verschwindender

Querbelastung vorhanden sein, d. h. die Bedingung des Verschwindens der Nennerdeterminante wird schon die maßgebende bei der niedrigsten Knicklast.

Ob nun eine Querbelastung so groß werden kann, daß nicht diese Form der einfach geschlängelten Biegungslinie mit abwechselnden Ausbauchungen, sondern die einer mehrfach geschlängelten mit Ausbauchungen in jedem Feld nach derselben Seite eintritt, kann wieder nur die genaue Form der Differentialgleichung lehren. Wenn die tragfähigere Form eintritt, muß sie aber auch einem Nullwert der Nennerdeterminante entsprechen und zwar dem nächsthöheren, denn die Determinante hat unendlich viele Nullstellen, von denen wir im Vorhergehenden nur diejenige mit der kleinsten Knicklast berechnet hatten.

Hier ist dieser günstige Einfluß der Querbelastung nicht berücksichtigt worden, wodurch wir uns auf der sicheren Seite befinden. Immerhin würde eine mathematische Sonderuntersuchung dieses Falles vielleicht technische Vorteile herauszusuchen gestatten.

Also um es zusammenzufassen:

Bei gleicher Einzelknicksicherheit aller Felder erfolgt das Ausknicken bei der Eulerschen Knicklast, und die Nennerdeterminante der Clapeyron-Winklerschen Gleichungen verschwindet bei dieser kleinsten Knicklast nicht.

Ist aber eine genügend große, in allen Feldern nach derselben Seite wirkende Querbelastung vorhanden, so ergibt das Verschwinden der Nennerdeterminante den nächsthöheren Wert der Knicklast als den maßgebenden.

Bei ungleicher Einzelknicksicherheit der Felder ist schon für die niedrigste Knicklast das Verschwinden der Nennerdeterminante maßgebend und der günstige Einfluß einer genügend großen Querbelastung bewirkt, daß ein Knicken erst bei der nächsthöheren Nullstelle der Determinante eintritt.

Wie groß die genügende Querbelastung ist und welches die Spannungen und die Biegungslinie in unmittelbarer Nachbarschaft der Knicklast werden, kann nur durch die genaue Gleichung der Biegungslinie ermittelt werden.

Zusammenfassung.

Nach Erläuterung der Besonderheiten des Aufbaues von Flugzeugen und der Abhängigkeit zwischen Flugzustand und Lastverteilung auf die Tragwände werden an einem Doppeldecker und zwei Eindeckern Beispiele für die statische Berechnung einer Tragwand gegeben.

Der Gang der Rechnungen ist der, daß zunächst die Hauptspannungen der Tragwand für gelenkige Knotenpunkte ermittelt und mit Hilfe eines Verschiebungsplanes die durchlaufenden Holme als biegungsfeste Balken mit gegebenen Stützensenkungen unter Berücksichtigung der Knickungsbiegung durch die Hauptspannungen berechnet werden.

Die aus dem Ergebnis gewonnene Verbesserung der Hauptspannungen wird als unerheblich nachgewiesen.

Die Rechnung wird für einfache und für dreifache Last durchgeführt und gezeigt, wie und in welchen Feldern infolge der Knickungsbiegung die Spannungen schneller als die Belastungen wachsen.

Die Verteilung der Maximalspannungen über den Holm wird graphisch veranschaulicht.

Der Einfluß größerer Holmsteifigkeit und starrer Verspannungen wird durchgerechnet.

Desgleichen der nicht unerhebliche Einfluß exzentrischer Knotenpunkte (Glockenkonstruktion).

Ferner werden die Knicklasten des durchlaufenden Holms durch eine Sonderlösung des Clapeyron-Winklerschen Dreimomentensatzes errechnet.

Für die Eindecker werden die Fälle durchlaufender und am Rumpf gelenkig anschließender Holme nebeneinandergestellt.

Zum Schluß folgen einige allgemeine Nutzanwendungen der Ergebnisse, dann eine Betrachtung über den Einfluß des Sinkens des Elastizitätsmoduls mit steigender Spannung und schließlich eine Erörterung des Knickungsvorganges durchlaufender Holme.

Eingegangen am 1. September 1915.
Nachträgliche Schlußbemerkung am 29. Mai 1916.

If you have any concerns about our products,
you can contact us on
ProductSafety@springernature.com

In case Publisher is established outside the EU,
the EU authorized representative is:
**Springer Nature Customer Service Center GmbH
Europaplatz 3, 69115 Heidelberg, Germany**

Printed by Libri Plureos GmbH
in Hamburg, Germany